大型活动
供电保障技术

国网北京市电力公司　编

中国电力出版社
CHINA ELECTRIC POWER PRESS

内 容 提 要

为指导和帮助供电企业或电力用户在大型活动供电保障工作中更好地掌握和应用各类新技术、新装备、新方法，不断提高大型活动供电可靠性，国网北京市电力公司对第二十九届北京奥运会、中国共产党建党百年庆典、第二十四届北京冬奥会等党和国家大型活动供电保障十余年的成功经验进行了全面总结，对应用可靠、先进的专业技术进行了系统提炼，组织编写了本书。

全书共分7章，内容分别为：概述，电网运行保障技术，典型敏感负荷特性分析及保障技术，应急电源技术，典型临时供电工程，电力设备状态检测技术，网络安全、信息通信及安保防恐技术。

本书可供供电企业或电力用户管理者及技术人员参阅，也可供电力技术人员学习参考。

图书在版编目（CIP）数据

大型活动供电保障技术 / 国网北京市电力公司编 . — 北京：中国电力出版社，2022.10
ISBN 978-7-5198-6847-5

Ⅰ．①大… Ⅱ．①国… Ⅲ．①活动—供电管理 Ⅳ．① TM7

中国版本图书馆 CIP 数据核字（2022）第 108574 号

出版发行：中国电力出版社
地　　址：北京市东城区北京站西街 19 号（邮政编码 100005）
网　　址：http : // www.cepp.sgcc.com.cn
责任编辑：杨　扬（y-y@sgcc.com.cn）
责任校对：黄　蓓　李　楠
装帧设计：郝晓燕
责任印制：杨晓东

印　　刷：望都天宇星书刊印刷有限公司
版　　次：2022 年 10 月第一版
印　　次：2022 年 10 月北京第一次印刷
开　　本：710 毫米 ×1000 毫米　16 开本
印　　张：16.25
字　　数：285 千字
定　　价：88.00 元

编 委 会

前　言

随着我国经济社会的发展，重大政治、经济、文化交流等活动日益增多，媒体通信、交通控制、灯光音响、安保防恐等重要因素与电力可靠供应的关系更加密切，各类大型活动对供电保障的需求也不断提高。近年来，我国电力系统的建设力度不断加大，以及应急电源、快速开关等新技术的推广应用，供电能力和供电可靠性显著提高。但恶劣天气、外力破坏以及设备突发性故障等不可预见因素，仍然给大型活动供电可靠供应带来了巨大的挑战。

国网北京市电力公司作为首都能源骨干企业和最大的公用事业单位，以北京电网规划建设、运行管理、电力销售和供电服务为主营业务，供电范围覆盖全市1.64万平方公里，服务客户900余万户。近年来，在国家电网公司党组和北京市委市政府坚强领导下，国网北京市电力公司坚持首都意识、首善标准、首创精神，研究并应用了电网运行保障、应急电源、特种负荷特性、电力设备状态检测等一系列供电保障技术，圆满完成了第二十九届北京奥运会、新中国成立七十周年庆典、中国共产党建党百年庆典、第二十四届北京冬奥会等党和国家大型活动供电保障任务，积累了丰富的技术与现场经验。

本书在全面总结国网北京市电力公司十余年大型活动供电保障成功经验的基础上，对应用可靠、先进的专业技术进行了系统提炼，主要包括大型活动电力安全保障工作组织、电网运行保障与应急电源技术、设备状态检测与诊断技术、特种用电负荷特性测试与分析技术、安保防恐技术等方面的内容，为大型活动供电保障提供参考和借鉴。全书共分7章，内容分别为：概述，电网运行保障技术，典型敏感负荷特性分析及保障技术，应急电源技术，典型临时供电工程，电力设备状态检测技术，网络安全、信息通信及安保防恐技术。

本书由段大鹏任编写组组长并负责统稿，第一章由宋威、蔡瀛淼编写，第二章由王海云、张再驰、王宁、汪伟、吕立平、陈茜编写，第三章由宋一凡、赵贺、于洋编写，第四章由贾东强、王存平、姚雁南、申海涛编写，第五章由钱梦迪、姚玉海、滕景竹、刘子轩编写，第六章由刘弘景、刘可文、门业堃、周恺、张天辰、姚磊编写，第七章由董佳涵、周峰、任天宇、王超、王小虎、刘安畅编写。

限于编者水平和经验，书中若有疏漏不当之处，恳请广大读者批评指正。

编者

目 录

前言

第一章　概　　述

供电保障的大型活动主要指在国内举办的，由省级及以上人民政府组织或认定的，具有重大影响和特定规模的政治、经济、外交、科技、文化、体育等活动。供电企业作为大型活动供电保障的重要责任单位，应及时与政府相关部门、大型活动举办方确定供电保障范围及重要用户名单，做好电网及设备设施的隐患排查、运行管控、运维检修、网络安全防控、临时供电工程建设等各项工作，采取技术措施，科学制定保障方案，保障供电可靠。本章主要概述大型活动供电保障（简称保电）的总体要求、分级分类和工作组织。

第一节　大型活动供电保障总体要求

大型活动供电保障工作应明确工作原则和目标，供电企业应与相关政府部门、大型活动举办方等密切沟通，确定重要电力用户保障范围，共同做好供电保障工作。

一、保障工作原则

大型活动供电保障工作应遵循"超前部署、规范管理、各负其责、相互协作"原则，做到科学合理、节约高效、措施有力、万无一失。

二、保障工作目标

大型活动供电保障工作应确保大型活动期间电网安全稳定运行，确保重要用户供电安全，杜绝造成严重社会影响的停电事件发生，努力实现保电范围"设备零故障、客户零闪动、工作零差错、服务零投诉"的工作目标。

三、重要电力用户

重要电力用户是在国家或者一个地区（城市）的社会、政治、经济生活中占有重要地位，对其中断供电将可能造成人身伤亡、较大环境污染、较大政治影响、较大经济损失、社会公共秩序严重混乱的用电单位或对供电可靠性有特殊要求的用电场所，如大型活动举办场地、人员驻地、交通枢纽、新闻媒体、文件印刷、医疗保障及城市运行相关单位等用户。根据供电可靠性要求、中断供电的影响程度，重要电力用户可分为特级、一级、二级重要用户和临时性重要用户。

第二节　大型活动供电保障分类分级

大型活动供电保障工作实行分类分级方式。

一、保障分类

根据大型活动的重要程度，供电保障工作分为三类。第一类是指有多国首脑参加的重大国际性活动，党中央、全国人大、国务院、全国政协、中央军委等召开的国家重要会议保电任务；第二类是指有中央常委级领导参加的重大活动或考察调研以及其他重大国际性活动或国家重要会议保电任务；第三类是指除上述一、二类以外的大型活动保电任务。

二、保障分级

根据大型活动供电保障的组织规模及实施主体级别不同，供电保障工作分为3级。一级是由承担保电任务单位总部指挥协调，根据需要组织相关责任二级单位做好人员、物资和装备的支援保障，由举办地相关责任二级单位负责具体实施；二级是由承担保电任务单位总部相关部门或分部做好跟踪督导，由举办地相关责任二级单位负责具体实施；三级是由相关责任二级单位负责具体实施，并及时报送保电信息。

三、保障时段划分

根据大型活动供电保障的时段重要程度实行分时段管理，分为特级、一级和二级保障时段。其中特级保障时段指大型活动开、闭幕式或全体人员出席的活动时段；一级保障时段指除特级保障时段外的其他正式活动时段，具体时间一般为活动开始前2小时至活动结束后1小时；二级保障时段是除特级、一级保障时段外的其他保障时段。保电时段划分可根据实际情况进行动态调整。

第三节　大型活动供电保障工作组织

大型活动供电保障工作组织分为准备、实施、总结3个阶段。准备阶段主要任务包括保障工作组织机构建立、工作方案制定、风险评估和隐患治理、网络安全保障、电力设施安全保卫和反恐怖防范、配套电力工程建设和用电设施改造、合理调整电力设备检修计划、应急准备，以及检查、督查等工作；实施阶段主要任务包括落实保障工作方案、人员到岗到位、重要电力设施及用电设施、关键信息基础设施的巡视检查和现场保障、突发事件应急处置、信息报告、值班值守等工作；总结阶段主要任务包括保障工作评估总结、经验交流等工作。

一、准备阶段

（一）制定保电工作方案

承担保电任务的供电企业应制定保电工作方案和专业方案，开展专项检查，发现问题及时整改，在大型活动开始前做好保电准备。

（二）风险评估与隐患治理

供电企业应建立大型活动保电风险管控和隐患排查双重预防机制。大型活动前，组织对重点设备、场所、环节开展风险评估，有针对性地做好风险识别、分级、监视、控制工作，保证风险管控和隐患排查治理所需的人力、物力、财力，对发现的问题及时处理。

供电企业应结合实际开展大型活动保电风险评估，主要内容如下。

（1）电网运行风险评估。对影响主配网安全稳定运行的主要因素和环节进行评估。

（2）设备运行风险评估。对输电、变电、配电设施的健康状况、运行环境等进行评估。

（3）网络安全风险评估。对重要网络、重要应用系统、门户网站、电子邮件及网络边界等方面的安全状况进行评估。

（4）电力设施保护和反恐怖防范风险评估。对电力设施和反恐怖防范重点目标的人防、物防和技防措施进行评估。

（5）应急能力评估。对应急预案、应急演练、应急队伍、应急装备、物资储备等方面的情况进行评估。

（6）用户侧安全风险评估。对重点用户设备状况、运行管理、自备电源、应急处置能力等方面的情况进行评估。

（三）电网调度运行管控

（1）滚动完善和细化电网调度运行管控方案，全面落实安全责任，做好督促和检查，确保各项措施到位。根据保电需要开展联合演练，及时完善相关应急预案，提高突发事件处置能力。

（2）做好电网运行监测预警，及时掌握气象信息、自然灾害情况，密切关注电煤存储、燃气供应、环保要求等，做好负荷预测，研判电网负荷变化趋势，适时发布电力预警信息。

（3）做好二次设备巡视检查及隐患消缺，确保继电保护和安全自动装置、调度自动化、通信系统安全可靠运行。

（4）做好电力监控系统运维管理，防止生产控制大区、安全Ⅲ区与互联网等外部网络违规连接，杜绝外来设备违规接入生产控制大区。做好对调管发电厂特别是新能源发电厂涉网部分电力监控系统安全防护的技术监督，明确保障工作要求，加强沟通协作，督促电厂做好现场人员管理，认真排查整改安全隐患，杜绝网络违规外联等行为。

（5）做好网源协调管理，留有必要的调控手段和备用容量，确保对电网的有效控制和事故支援能力，当保电重点地区用电紧张时，组织分类型、分轮次支援，确保可靠供电。

（四）设备运维与设施保护

（1）制定落实保电相关设备运行维护措施要求，做好向保电重点地区电网送电的输变电设备和向重点用户供电的电网设备的运维检修工作，开展特巡检查，及时消除设备缺陷。

（2）做好对重污区、舞动区、鸟害多发区、采矿塌陷区、易受外力破坏区、强风区、树木速长区、微气象区等特殊区域的监控和巡视，及时清理易被大风吹起的塑料薄膜、漂浮物和危险品等，砍伐危及线路安全的树竹并留有裕度，对存在垮塌风险的杆塔基础进行加固，对截排水沟进行清理等。

（3）建立电力设施安全保护长效机制，落实重要设备、关键部位和盗窃、破坏多发地区电力设施的人防、物防和技防措施，防止外力破坏、盗窃、恐怖袭击等因素影响保电工作。

（4）健全警企联动、专群联防和企业自防机制，加强与当地公安部门的联系，开展打击盗窃破坏电力设施违法犯罪行为专项行动和保电设施安保反恐隐患排查整治工作。

（5）按照大型活动电力设施安全保护的工作需要，配置、使用、维护安全器材和防暴装置；对涉及保电的输配电线路、电缆通道、变电站（开关站、配电室）等重要防护目标的防护措施进行检查，确保有效落实，并按要求在大型活动举办前向当地公安部门报告，遇有重大情况及时向公安等有关部门报告。

（6）做好电力设施保护区内的施工管理，对电力设施保护区内发现的隐患落实责任单位和部门，及时书面汇报政府有关部门，并督促整改。

（7）对重要电力设施内部及周界安装入侵报警系统、出入口控制系统、电子巡查系统、安防视频监控系统图像监控装置、电缆网监控设施等技防措施，并开展专项检查，保证可靠运行。

（8）做好事故预想，制定设备故障、恶劣天气等应急预案，开展应急演练，做好抢修队伍准备，备齐备品备件和抢修物资，做到信息畅通，响应迅速，处置果断。

（五）用电安全与优质服务

供电企业应按照政府有关部门确定的重点用户名单和重要性等级开展客户侧保电工作。督促保电重要用户落实安全用电主体责任，签订大型活动供用电安全责任书，确保产权清晰、保电责任明确。

供电企业应针对大型活动直接相关的保电重点用户逐一成立保障服务工作组，细化保电方案；协助用户开展专项状态检测和隐患排查治理，提出安全用电建议，协助制定停电事件应急预案，督促完善自备应急电源，指导用户开展大负荷试验和保护传动工作，督促用户编制风险评估报告，并书面告知用户和相关政府部门。

（六）配套电力工程建设

第一类保电工作，根据实际需要可规划建设配套电网工程。供电企业应提前制定专项方案，按规定履行电网滚动规划、项目前期与可研、计划与投资等管理程序后，按照基建程序组织开展配套电网工程建设。

第二类、第三类保电工作，主要依靠现有电网+应急电源保障，原则上不安排建设配套电网工程。如确有需要，供电企业应充分论证必要性，并按规定提前履行电网滚动规划、项目前期与可研、计划与投资等管理程序。

供电企业应会同重点用户根据大型活动保电需求，依据产权范围，组织建设配套电力工程，要求大型活动承办方、电力管理部门为工程建设提供必要的支持和便利。供电企业应切实履行安全生产主体责任，采取可靠措施，确保电网侧配套电力工程质量和施工安全，保证工程按期投入使用。

供电企业应组织完成新投产设备的电气传动试验、大负荷试验等工作，并对新设备运行情况进行重点监测。供电企业应掌握大型活动举办方、重点用户等配套电力工程建设情况，做好其接入系统的相关工作。

（七）网络与信息安全防控

供电企业应严格落实网络与信息安全管理制度和责任，按照国家和行业网络与信息安全保障要求，做好网络安全关键信息系统基础设施保护，成立保障组织机构，制定网络安全保障专项方案和应急预案，明确目标任务，细化措施要求，开展预案培训演练，防范网络安全重大风险，防止发生重大网络安全事件，确保重要信息系统安全稳定运行。

严格落实"安全分区、网络专用、横向隔离、纵向认证"的总体防护原则，全面做好网络边界防护，杜绝违规外联行为，确保网络边界和入口安全防护措施可靠有效。

全面开展网络安全隐患排查整改和风险评估，针对网络安全保障组织机构、监控值守、等级保护备案及测评情况、物理安全、边界安全、网络安全、应用安全、主机安全、终端安全、数据安全、应急响应与灾难恢复等方面的工作开展检查，发现问题及时整改。对于短期内不能立即整改的网络安全隐患，强化风险管控，制定专项防控措施和应急预案，并提前发布预警通知。

做好网络安全监测与处置，对网络流量、安全日志、病毒木马、钓鱼邮件等开展综合监控，重点监测对外网站及互联网应用，及时发现攻击并做好协同处置，做好信息报告，快速进行阻断，有效防范应对恶意攻击，确保关键业务连续稳定运行。严格管控重要信息系统检修维护行为，合理安排检修计划，做好现场运维人员和检修工作的管理，维护过程中做好监护，保障系统安全运行。

做好信息系统与基础设施安全防护，规范用户权限、安全策略配置，做好终端安全准入管控，及时升级操作系统补丁、安全设备特征库及防病毒系统病毒库，开展漏洞扫描并及时修复，开展容灾备份，落实移动存储介质管理措施，外网业务使用的安全隔离装置启用强访问控制策略。重要保障时段，做好重要场所人员管控，防范社会工程学攻击。开展信息系统安全等级保护，依据国家和行业要求，完成相关信息系统的定级、备案、测评、整改工作。

（八）维稳保密与后勤保障

供电企业应严格落实企业内部维稳责任，防止大型活动期间发生群体信访事件和个体极端行为。做好保电工作保密教育，参与保电工作的人员及开展保电检查评估和支援的人员应政治可靠、技能过硬、身心健康，进行保密培训，强化保密意识，掌握保密技能，履行保密职责，做好保密工作。

（九）电力应急处置

供电企业应建立大型活动保电应急指挥体系和应急机制，编制完善保电相关应急预案，细化应急处置流程，做好预案培训。结合实际开展多种形式、多专业协同、多方参与的应急演练，及时完善相关应急预案。配备应急队伍及装备，足额储备应急物资，并在大型活动保电工作实施前落实到位。

二、实施阶段

（一）指挥体系

针对大型活动期间工作，供电企业应成立供电保障总指挥部、现场指挥部和分指挥部，指挥体系如图1-1所示。各指挥部要配置大屏和会议电视电话系统，指挥区配置一部指挥调度台、电话等，用于指挥部间联络指挥。此外，还应配置打印和传真设备，用于指挥部各类信息的打印和对各上级部门信息的报送。

图1-1 指挥体系

（二）组织体系

针对大型活动期间工作，结合职责分工，总指挥部可成立9个专项工作组，具体包括：综合协调工作组、设备管理工作组、调度运行工作组、优质服务工作组、工程建设工作组、信通网安工作组、维稳保密工作组、新闻宣传工作组及安保应急工作组。组织体系如图1-2所示。各工作组需配置计算机用于值班人员对相关信息进行查询使用；配置电话专门用于与各指挥部的通信联络。

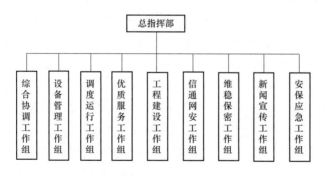

图1-2 组织体系

（三）电网调度运行管控

保电期间，重点地区电网原则上保持全接线、全保护运行方式，不安排设备计划检修和调试。供电企业应做好重要设备、重要断面的运行监控，严肃调度纪律，严禁超稳定极限和设备能力运行；细化在线安全分析校核，落实电网故障处置预案，及时响应、协同处置。

（四）用电安全与优质服务

保电期间，供电企业应对大型活动举办场所等重点用户安排专责人员，按活动主办方要求协助重点用户对重要负荷的供电设施、自备应急电源等进行巡视检查，定时询问用户内部运行情况，指导用户做好运行值班工作，落实保障措施，协助做好应急处置。

供电企业应加强值班力量，做好优质服务，确保95598热线畅通和营业窗口服务高效；合理安排停电催费、反窃电等敏感性工作，妥善安排需采取有序用电、停限电措施的各项工作，认真履行审批和告知等工作流程，杜绝发生因工作安排不当、程序不规范等造成不良社会影响。

（五）网络与信息安全防控

供电企业应做好重点时段网站安全管控，应综合考虑业务需求与安全风险，采取必要措施保障外网网站安全，在保障期间确需变更保障措施的，应履行申请手续。外网网站运行期间，要做好值班值守，全面落实技术防护措施和应急预案，做到一键关停、一键处置。做好网络安全应急保障，重点时段安排网络安全人员开展安全保障，支撑外网突发事件应急处置。

（六）维稳保密与后勤保障

供电企业应严格执行保密制度，在开展保电工作的同时要抓好保密工作，确保保电相关文件、方案、预案和电网运行方式等重要涉密资料和载体安全。保电工作中如发现有违反保密制度行为时，要及时予以制止；一旦发生泄密事件须立即采取补救措施，及时向单位负责人汇报，并向本单位保密委员会报告。做好保电工作后勤保障，做好保电一线后勤服务，满足保电现场餐饮、住宿、交通、医疗、物资等基本需求，保障保电人员的人身健康和安全。

（七）电力应急处置

供电企业应做好监测预警工作，及时掌握气象信息、自然灾害情况，研判电网负荷变化趋势，适时发布预警，做好应急准备。通过广播、电视、报刊、网络等渠道跟踪收集相关信息，发现涉及保电工作的重要信息及时报告，同时采取有效措施，稳妥处置，消除不利影响。保电期间一旦发生突发事件，应及时启动应急预案，采取有效措施，尽快恢复重要电力用户供电，并做好信息报送。

三、总结阶段

保电工作完成后，供电企业应做好保电全过程资料的收集、整理和保存工作，为总结评估和改进提供依据，及时开展专业工作总结，形成保电工作总结。

第二章 电网运行保障技术

第一节 典型供电方式分析

大型活动供电保障工作准备阶段，供电企业需要从电网各个方面提前进行工作安排。在电网运行方面，梳理保电用户外电源，开展电网方式分析、负荷预测、电力平衡工作，以及组织编制重要电力用户外电源预案等工作都是必不可少的。本节主要介绍重要用户划分方法，以及通过重要用户外电源梳理进行典型供电方式分析，为供电保障明确范围和重点。

一、重要用户划分

根据重要电力用户的特点，一般将重要电力用户划分为特级重要用户、一级重要用户、二级重要用户和临时性重要用户4类。

（一）特级重要用户

特级重要用户指在管理国家事务中具有特别重要作用，中断供电将可能危害国家安全的电力用户。主要包括党中央、全国人大、全国政协、国务院、中央军委等最高首脑机关办公地点，国家级重要广播电台、电视台、通信中心、国际航空港，党和国家领导人及来访外国领导人经常出席的活动场所等，省（直辖市）委、人大、政协、政府等办公地点。

（二）一级重要用户

一级重要用户指供电中断将可能造成重大政治影响、造成较大范围社会公共秩序严重混乱、造成重大经济损失、直接引发人身伤亡、造成严重环境污染、发生中毒、爆炸、火灾的电力用户。主要包括国家部委机关、国家级安全、保密、机要单位等办公地点，党和国家领导及来访外国领导出席的活动场所，外国驻华使馆及外交机构等办公地点，重要军事基地和军事设施，国家级科研单位、信息中心、文体场所、博物馆（展览馆），国家级地震、气象、防汛等监测、预报中心，飞机场、铁路枢纽站、地铁（城铁），省（直辖市）级广播电台、电视台、通信中心，经常举行国家重要会议、接待重要外宾的场所，三级甲等医院、"120""999"急救中心，合法煤矿企业，因突然停电可能导致爆炸、人身伤亡或重大经济损失的其他高危电力用户。

（三）二级重要用户

二级重要用户指供电中断将可能造成较大政治影响、造成一定范围内社会公共秩序严重混乱、造成较大环境污染、造成较大经济损失的电力用户。主要包括地市级党政部门机关办公地点、安全保卫部门、监狱，地市级煤气、液化气加压站、灌瓶站、自来水厂、供热厂、电车变流站、泵站等重要公共设施，铁路客运车站，重要的大型商业中心（60000m²及以上），100m以上的超高建筑，五星级宾馆、饭店，容纳5000人以上的省（直辖市）级重要文体场所等，国有特大型企业、世界知名公司总部、信息中心，市级地震、气象、防汛等监测、预报中心，教堂、清真寺等宗教活动场所等，有手术、血透、重症监护、呼吸机、体外循环等一旦停电后有可能影响到就诊患者生命安全的其他医院。

（四）临时性重要用户

临时性重要用户指需要临时特殊供电保障的电力用户。主要包括在上述重要电力用户范围以外的阶段性（如大型活动等）或季节性（如夏季防汛及冬季采暖等）电力用户。

二、重要用户电源梳理

由于每次保电涉及的场地和重要用户不同，所以在每次保障活动前，都应梳理重要保障用户的电力上级直供线路，并绘制相应的供电方式图，在正式保障前还应专门核查校准。通过梳理重要用户的外电源情况，可以分析归纳出保电的重点线路和厂站，优化保障期间电网方式，方便之后的重点站线运行方式专项安全分析，以及保电重要用户直供电源缺陷及异常梳理。

一般会将用户10kV开闭站以上的电压等级电气连接关系绘制成图，绘制一般为10kV—110kV—220kV—500kV，最高为500kV变电站。220kV电压等级绘制到环网站。特级重要电力用户，上级电源一般若来自多路，还需用不同颜色标识区分出来。图2-1所示为某重要电力用户电源典型供电方式。

若区域重要电力用户较多，或者有大型重要保障活动，还需要对所有重要用户的电源进行梳理和汇总，这样在保障时候若发生电网故障，可以方便地进行故障梳理、分析和快速处置。某重点厂站、线路及配电变压器保护动作梳理的模板样例见表2-1。

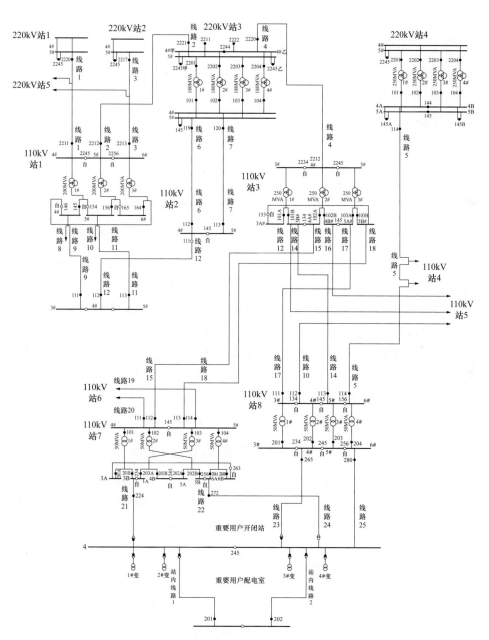

图2-1 某重要电力用户电源典型供电方式

表2-1   公用单相配电变压器剩余电流保护器动作延时选用表

特级—某区—A 场

1. 重点厂站

500kV 站（*x* 座）：××、××、××

220kV 厂站（*x* 座）：××、××

110kV 厂站（*x* 座）：××、××、×××

2. 重点线路

500kV 线路（*x* 条）：××、××、××、×××

220kV 线路（*x* 条）：××、××、××

110kV 线路（*x* 条）：××、××

10kV 线路：××、××、××，与 10kV 直供线路同母线的线路均为相关线路（分段母线视为同一条母线）

对于特别重大的保障任务，除上述工作外，为保证重要电力用户供电安全进一步提升，还需要保证电网全接线方式，即在保障活动期间无变电站、线路等电网设备因设备检修造成一个或多个设备退出电网运行的方式。同时，要尽可能退出可能会在保障期间影响到电网设备和重要用户供电的设备，如拉开站内开关柜上低周减载开关，防止频率振荡导致重要用户失电；停线路重合闸，防止重要用户市电冲击导致下边备用供电的 ATS 切换误动作。同时还要在保障前将重要电力用户的同母线下涉及架空线路的负荷倒出，缩小供电半径，将可能发生的故障对电网影响和重要用户用电影响降到最低。

第二节　配电网保障保护技术

配电网直接面向电力用户，是保障和改善民生的重要基础设施，是用户对电网服务感受和体验的最直观对象。10kV 配电网的继电保护技术及管理相对完善，不再赘述，本节主要介绍 0.4kV 低压配电系统的过电流保护与剩余电流保护技术。

一、过电流保护

低压配电系统包括 TN、TT 和 IT 3 种接地型式，从空间分布情况看，国内城市区域低压配电系统一般主要采用 TN 系统、农村采用 TT 系统。为保障单相负载供电，低压系统配置 N 线（中性线），N 线在中性点的接地称为"系统接地"，也称"工作接地"；为保障人身安全，各接地系统均配置 PE 线（保护接地线），

PE线的接地称作"保护接地"。由于低压故障主要发生在线路、母线和负载上，低压保护基本与电力系统线路保护对应，主要包括过电流保护及剩余电流保护。过电流保护主要用于解决过电流故障，保护线路和母线；剩余电流保护主要用于解决接地故障，防护人身免遭电击。

（一）保护配合原则

低压配电系统的过电流保护通常采用断路器与熔断器的配置方式。一般低压断路器具有短路保护与过载保护功能，短路保护功能又分为瞬动保护和短延时保护（短路短延时），过载保护功能为长延时保护。断路器、熔断器的时间—电流特性曲线应与被保护回路绝缘热效应特性曲线配合。低压配电系统各级脱扣器保护应具备良好的上下级配合关系，以确保故障时各级脱扣器、熔体保护动作的选择性，避免停电范围扩大。为保证上下级良好的配合关系，一般情况下，同一电源上下级时间—电流特性曲线没有交叉点。上下级时间—电流特性曲线根据各定值确定。根据公用低压系统应用现状，上下级保护电器通常采用电流选择性和时间（或电流—时间）选择性配合。

按照电流配合时，在同一故障下，上下级保护装置的电流之比一般需大于1.1；按照时间配合时，需设置上下级保护电器动作时间级差 Δt，对于定时限保护之间的 Δt 一般为 0.5s，反时限保护之间、定时限与反时限保护之间的 Δt 一般为 $0.5 \sim 0.7s$，瞬时保护之间的 Δt 一般为 $0.1 \sim 0.2s$。以下是一些常见的级间配合。

1. 熔断器与熔断器的级间配合

熔断器与熔断器的级间配合常见于箱式变电站（简称箱变）出线的低压系统中，上下级电缆分支箱采用熔断器保护配合。上下级熔体额定电流比只要满足 1.6∶1 即可保证选择性。标准规定熔断体额定电流值也是近似按这个比例制定的，如 25、40、63、100、160、250A 相邻级间，以及 32、50、80、125、200、315A 相邻级间，均有选择性。

2. 选择型断路器与非选择型断路器的级间配合

选择型断路器与非选择型断路器的级间配合常见于配电室出线的低压系统中，出线断路器与下级配电间出线保护配合。上级短延时整定值一般要求大于下级瞬时保护整定值的 1.3 倍，主要考虑断路器生产制造中保护动作误差的影响，此时短延时的时间没有特别要求。上级瞬时保护应在满足动作灵敏性的前提下，尽量整定得大些，以免在故障电流很大时导致上下级均瞬时动作，破坏选择性。

3. 选择型断路器与熔断器的级间配合

选择型断路器与熔断器的级间配合常见于箱变出线的低压系统中。过负荷时，只要熔断器的反时限特性和断路器长延时脱扣器的反时限动作特性不相交，且长延时脱扣器的整定电流值比熔断体的额定电流值大一定数值，就能满足过负荷选择性要求。短路时，由于上级断路器具有短延时功能，一般能实现选择性动作，但必须整定正确，不仅短延时脱扣整定电流及延时时间要合适，还要正确整定其瞬时脱扣整定电流值。

4. 上级熔断器与下级非选择型断路器的级间配合

上级熔断器与下级非选择型断路器的级间配合常见于柱上变电站（简称"柱变"）出线的低压系统中，为柱变低压进线与出线断路器的保护配合。过负荷时，要求断路器时间—电流特性和熔断器的反时限特性不交叉，且熔体额定电流值比长延时脱扣器的整定电流值大一些，一般能满足选择性要求；短路时，预期短路电流情况下，熔体动作时间比对应的断路器瞬时脱扣器的动作时间大0.1s以上，一般能满足选择性要求。

（二）保护整定原则

以北京地区为例，为保障0.4kV出线附近短路时，进线、联络与出线开关具备选择性，在应用过程中退出进线与联络开关的瞬时保护，只投入短延时和长延时保护；为给下级提供较好的配合，且一般出线长度满足瞬动配合要求，出线开关退出短延时，只投入瞬时和长延时保护。

1. 低压主开关定值整定原则

考虑母线阻抗较小，投入瞬时保护时，主进开关与出线开关可能同时动作，无选择性，因此低压主开关一般投入长延时、短延时保护功能，其余保护功能退出。

（1）长延时保护一般应采用反时限，应可靠躲过变压器负荷电流，具体如下。

1）电流定值一般取1.2 ～ 1.3倍变压器额定电流。当变压器允许最大负荷电流超过变压器额定电流时，电流定值取1.2 ～ 1.3倍最大负荷电流（变压器最大负荷电流不宜超过变压器额定电流的1.3倍，下同）。

2）当变压器低压有联络开关并投入自投设备时，长延时电流定值应充分考虑自投后带两台变负荷的情况。

3）长延时时间定值在6倍长延时电流时，应为5 ～ 10s。

（2）短延时保护一般应采用定时限，具体如下。

1）短延时电流定值一般取3.5 ～ 4倍变压器额定电流。

2）短延时时间定值一般取0.3s。

（3）应校核并保证低压主开关定值与配电变压器高压侧继电保护定值之间

的配合关系，必要时可适当提高变压器高压侧过流保护的电流定值，以确保低压设备故障时，高压侧继电保护设备不越级掉闸。

2. 低压联络开关定值整定原则

一般投入长延时、短延时保护功能，其余保护功能退出。

（1）长延时保护一般应采用反时限，具体如下。

1）长延时电流定值一般取低压主开关最小长延时电流定值的75%～80%。

2）长延时时间定值的取值一般同低压主开关长延时时间定值。

（2）短延时保护一般应采用定时限，具体如下。

1）短延时电流定值一般取低压主开关最小短延时电流定值的75%～80%。

2）短延时时间定值一般取0.1s。

3. 低压馈线定值整定原则

考虑低压出线至分支开关之间一般有40m以上，分支处的最大短路电流较线路始端一般下降30%，且塑壳开关具备限流作用，可利用电流实现瞬时保护的配合。

一般投入长延时、瞬时保护功能，其余保护功能退出。

（1）长延时保护一般应采用反时限，具体如下。

1）长延时电流定值不应大于主开关长延时最小电流定值的75%～80%；有联络开关时，长延时电流定值不应大于联络开关长延时电流定值的75%～80%。

2）长延时电流定值应可靠躲过馈线正常可能出现的最大负荷电流。馈线最大负荷电流获取困难时，可考虑一次设备最大允许负荷。

3）长延时电流定值应保证馈线路末端故障（含相线对零线短路故障）有足够的灵敏度，灵敏度建议不小于3。

4）长延时时间定值不应大于主开关最小长延时时间定值，有联络开关时不应大于联络开关长延时时间定值。

（2）瞬时保护电流定值一般不应大于2倍变压器额定电流。

二、剩余电流保护

（一）保护配合原则

TN-S、TT及TN-C-S低压配电系统的部分区段在发生接地故障时，以及IT系统发生第二次接地故障时，在安装剩余电流保护器的情况下，可切除接地故障。对于城市区域常用的TN-C-S系统，供电侧一般不具备安装剩余电流保护器的条件。为防止用户内部绝缘破坏、发生人身间接接触触电等事故，以及直接接触触电时的附加保护，在N线和PE线分开处、用户受电端，一般需加装剩余电流保护器。对于农村地区常采用TT系统，应安装分级剩余电流保护。下面以TT系统的分级剩余电流保护为例介绍。

1. 剩余电流总保护

公用变压器及专用变压器的TT系统都应安装剩余电流总保护。总保护有安装在电源中性点接地线上、安装在电源进线回路上、安装在各低压出线回路上3种接线方式，宜选用三级四线延时型剩余电路保护器。从总保护负荷侧引出的中性线不得重复接地，并且应具有与相线相同的绝缘水平。

2. 剩余电流中级保护

在低压线路分支处或在计量表箱后宜安装剩余电流中级保护，中级保护因安装地点、接线方式不同，可分为"三相中保"和"单相中保"，一般选用三级四线和二级二线保护。

3. 剩余电流户保和末级保护

户保一般安装在用户进线上。户保和末级保护属于用户资产，应由用户出资安装并承担维护、管理责任。户保的作用是：当用户产权分界点以下的户内线路出现剩余电流达到设定动作值时，能及时切断本户低压电源。不设末级保护时，用户应选择快速动作型剩余电流动作保护器，并确保其正常投入运行，不得擅自解除或退出运行。在下列情况下应设置末级保护。

（1）属于Ⅰ类的移动式电气设备及手持电动工具。

（2）生产用的电气设备。

（3）安装在户外的电气装置。

（4）临时用电的电气设备，应在临时线路的首端设置末级保护。

（5）机关、学校、宾馆、饭店、企事业单位和住宅等除壁挂式空调电源插座外的其他电源插座或插座回路。

（6）游泳池、喷水池、浴池的电气设备。

（7）安装在水中的供电线路和设备。

（8）医院中可能直接接触人体的电气医用设备。

（9）农业生产用的电气设备；大棚种植或农田灌溉用电力设施。

（10）温室养殖与育苗、水产品加工用电（其额定动作电流为10mA，特别潮湿的场所为6mA）。

（11）施工工地的电气机械设备。

（12）抗旱排涝用潜水泵；家庭水井用三相或单相潜水泵。

（13）其他需要设置保护器的场所。

（二）保护整定原则

1.功能配置

低压配电系统的总保护器宜选用组合式保护器，一般需具有剩余电流保护、过负荷、短路等保护功能和一次自动重合闸功能；有条件时，可选配具有信息（如运行时间、停运时间、工作挡位、总剩余电流实际挡位等）测量、显示、存储、通信功能的保护器；中级保护可采用具有上述保护功能的保护器；户保和末级保护宜采用具有过电压保护、过电流保护功能的多功能剩余电路保护器。

2.动作电流选择

低压配电网在配置分级保护时，根据电网实际，在剩余电流动作总保护和中级保护、户保的动作电流值和动作时间上要有级差配合，以达到分级动作的目的。各级保护额定剩余动作电流最大值一般可参考表2-2确定。额定剩余动作电流值应在躲过低压电网固有泄漏电流的前提下尽量选小值。对于移动式、温室养殖与育苗、水产品加工等潮湿环境下使用的电器以及临时用电设备的保护器，动作电流值为10mA，手持式电动器具动作电流值为10mA；特别潮湿的场所为6mA。

表2-2　　　　　　　　　各级保护额定剩余动作电流最大值

序号	用途	级别	额定剩余动作电流最大值 /mA	
				其中：高湿度地区
1	总保护	一级	（50）*、100、200、300	300
2	中级保护	二级	50、100	100
3	户保	三级	10（15）、30	30
4		末级	一般选择性动作电流 10mA，特别潮湿的场所选择 6mA	

注　总保护的剩余电流应分挡可调。

* 50mA挡只适用于单相变压器供电的总保护。

装有剩余电流动作保护器的线路及电气设备，其泄漏电流应不大于额定剩余动作电流最大值的30%；达不到要求时，需及时查明原因，处理达标后再投入运行。一般为保障可靠供电，减少用户停电次数，总保护和中级保护额定剩余不动作电流优选值一般可取 $0.7I_{\Delta n}$。

3. 动作延时的确定

剩余电流保护器分断时间宜处于《电流对人和家畜的效应　第 1 部分：通用部分》（GB/T 13870.1—2008）中关于交流电流（15～100Hz）通过人时的效应曲线的可逆效应及其左侧区域，同时能实现分级保护有选择性地动作。公用三相配电变压器剩余电流保护器动作延时可参考表 2-3 确定；公用单相配电变压器剩余电流保护器动作延时可参考表 2-4 确定。

表 2-3　　　　　公用三相配电变压器剩余电流保护器动作延时选用表

序号	用途	级别	$\leq 2I_{\Delta n}$		$5I_{\Delta n}$、$10I_{\Delta n}$	
			极限不驱动时间 /s	最大分段时间 /s	极限不驱动时间 /s	最大分段时间 /s
1	总保护	一级	0.2	0.3	0.15	0.25
2	中级保护	二级	0.1	0.2	0.06	0.15
3	户保	三级	不设置动作延时	0.04	—	—
4		末级	不设置动作延时			

表 2-4　　　　　公用单相配电变压器剩余电流保护器动作延时选用表

序号	用途	级别	$\leq 2I_{\Delta n}$		$5I_{\Delta n}$、$10I_{\Delta n}$	
			极限不驱动时间 /s	最大分段时间 /s	极限不驱动时间 /s	最大分段时间 /s
1	总保护	一级	0.1	0.2	0.06	0.15
2	户保	三级	不设置动作延时	0.04	—	—
3		末级	不设置动作延时			

以柱上变压器出线的低压系统为例，剩余电流三级保护配置如图2-2所示。

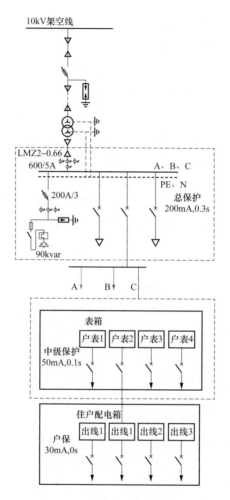

图2-2　剩余电流三级保护配置

第三节　电网合环技术

当电网进行故障处理、负荷转移或设备检修时，可采用开环运行线路进行合环的方式，以减少停电次数和停电时间，提高供电的可靠性。此外，低压配电网辐射直供并与相邻系统相互备用的运行方式，在系统倒负荷、相关线路检修操作时，也容易形成备用联络通道短时合环的情况。然而，进行合环操作时会产生冲击电流，当开口电压的相角差相差较大时冲击电流也较大，可能引起继电保护装置误动作，将直接影响重要用户供电可靠性。本节内容包括电网合环操作技术概述、合环电流计算原理及计算工具、合环操作措施分析及建议、电网合环仿真计算案例等。

一、电网合环操作技术概述

随着电网对可靠性要求越来越高，合环倒闸方式，即先合环再倒闸操作的方式将会越来越普遍。合环倒闸方式无需用户短时停电，同时也能够减少操作步骤，提升供电可靠性。合环倒闸方式已作为北京电网大型活动供电保障调控运行的常规方式，但在实际操作过程中，如果合环电流过大，将会造成母联或者合环点近端线路保护动作。目前，若仅依靠调度控制人员凭借经验估算合环电流，会给电网安全运行造成一定程度的风险。

220kV电网常采用分区运行的模式，该模式有利于有效控制短路电流和简化继电保护装置配置，这种模式会出现分区之间备用联络通道短时合环运行的情况。配电网常见"闭环接线、开环运行"方式，网内设备检修、事故处理以及负荷转移等不间断供电需要合环操作。

（一）220kV电网层面负荷站合环操作

220kV电网也常采用合环运行方式。220kV电网不同分区之间备用联络线也可因设备检修、潮流控制或事故处理短时合环。目前在220kV及以上的电压等级，一般通过SCADA（Supervisory Control And Data Acquisition，数据采集与监视控制系统）开展合环计算分析，每15min可开展一次潮流计算，调控人员可依据此结果进行判断及合环操作。

（二）110kV电网层面负荷站合环操作

110kV电网层面负荷站的合环操作一般分为如下3种情况。

（1）基于经验考虑，110kV保护不是过电流保护配置，不会引起保护误动，不进行合环电流计算而直接进行合环操作，这种情况有可能造成相关设备保护动作跳闸。

（2）考虑合环期间可能引起保护装置动作，在合环操作前进行潮流计算，满足条件方进行合环操作。

（3）禁止不同电网分区电源的站点进行合环操作，避免合环操作造成跨级的电磁合环。

（三）10kV电网层面负荷站合环操作

原则上对于来自不同分区电源的10kV线路禁止进行合环操作。但由于负荷性质特殊必须进行合环倒闸操作的，需进行合环电流计算，满足条件方可进行合环操作。也可以同时采用同步向量装置或核相仪等设备对合环点两侧相位等参量进行测量，满足条件后方可进行合环操作。

（四）电网合环操作的影响

合环前断路器两侧存在相角差及电压差，断路器闭合迫使两侧的电压相等，这必然要经历一个暂态过程，引起合环后电网各个节点电压幅值和相角的相应变化，即合环操作产生冲击电流的过程。开口电压的幅值和相角相差越大，冲击电流就越大，越有可能引起继电保护动作或者设备的损坏，如开关、电缆、电流互感器（TA）等的损坏。合环后电网网架结构发生变化，潮流与功率重新分布，在合环点将同时产生稳态循环电流。

电网合环操作的影响主要包括：①合环操作稳态电流和冲击电流导致继电保护装置动作；②合环操作过电压危及电气设备；③合环造成弱联系系统稳定性破坏；④合环后潮流转移导致其他支路过载；⑤合环后电网运行方式不满足 $N-1$ 要求等。

二、合环电流计算原理及计算工具

合环操作时会产生冲击电流，可能引起继电保护装置的误动作，这将直接影响电网的安全稳定运行。并且依靠调度人员的运行经验来判断系统合环操作，有较大的局限性。因此，电网的合环操作需要确定性的计算依据。

（一）合环电流计算原理

对于合环电流的理论计算主要采用分布系数法和叠加定理法。首先利用分布系数法求出环网的自然功率分布，然后计算仅考虑变压器变比不同引起的均衡功率，最后将这两部分结果叠加起来，得到电网合环操作的实际潮流分布。这种方法一般采用手动计算，只适用于简单网络。另外，还有地区电网对需要进行合环操作的网络进行简化，先计算合环前简化网络的潮流，然后用合环两侧的电压差和环网阻抗计算出循环电流，最后利用叠加原理计算出合环后的潮流。这种方法也是目前合环电流计算普遍采用的方法。图2-3所示为合环电流计算理论分析示意图。

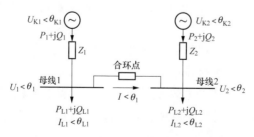

图2-3　合环电流计算理论分析示意图

然而，上述传统的合环电流计算方法一般不考虑外部网络模型，只考虑环网所涉及电气设备进行戴维南等值，因此无法准确获得等值电势和等值阻抗，引入计算误差，合环操作时将可能引入较大谐波分量。

所以，对于电网合环电流的计算，既要不损失大规模电网的动态特性，又可以满足局部电网的详细分析要求，才能保证合环电流计算的准确性。基于这一点，可考虑应用机电暂态—电磁暂态混合仿真技术对合环电流进行计算，对合环区域外动态响应过程相对较慢的大电网采用机电暂态程序仿真，而对需要进行详尽研究的合环区域采用更为精确的电磁暂态程序仿真，这样既可以反映特定系统中详细的电磁暂态变化过程，又可仿真较大规模的电力系统，网络不需等值化简，大大提高了仿真分析的准确性。从目前各种合环电流计算解决方案来看，计算准确性是合环电流计算发展的趋势，机电暂态—电磁暂态混合仿真技术能够为合环电流的精确计算提供保障。

（二）合环电流计算工具

通常，可应用 ADPSS、PSASP、BPA、PSS/E、PSCAD 等仿真软件工具进行合环电流计算。首先，对多级合环系统进行建模，通过对比模型元件和实际元件的电压损耗、功率损耗，研究模型参数的设置，然后建立能够准确模拟实际元件的仿真模型，对可能的合环操作进行模拟，进而计算得到合环操作的冲击电流与稳态电流。

三、合环操作措施分析及建议

（一）220kV 和 110kV 电网层面

一般情况下，220kV 和 110kV 电网进线侧均配置合环保护，合环保护在倒闸操作前投入并根据操作需求选跳进线或分段开关。为避免电源线路未配置纵联保护（或配置纵联保护但负荷站侧未投入跳闸）的 110～220kV 负荷站在倒闸操作合环过程中，因线路故障导致双回电源线路全停事故的发生，可对 110～220kV 分列运行负荷站高压侧母联保护配置原则进行调整，即配置独立母联充电保护装置，具备充电保护、合环保护功能，合环保护动作跳母联开关。

而对于无法配置合环保护的线路进行合环操作，建议如下：①在相关站点进线合环操作时，选择负荷较小或一旦停电其造成影响较小的时段（半夜或清晨）操作，一旦发生故障及时恢复送电，可参考表 2-5 进行负荷调整；②在操作过程中尽量缩短合环时间，避免长时间合环运行。

表2-5　　　　　　　　　　　　　　合环操作负荷调整策略

保护状态	合环后电网情况	负荷调整策略
合环过流保护不动作	合环后电压相角超前节点上级线路或主变压器过载，电压相角滞后节点上级线路和主变压器不过载	适当减小两侧节点负荷
	合环后电压相角超前节点上级线路和主变压器不过载，电压相角滞后节点上级线路或主变压器过载	适当增大两侧节点负荷
	合环后节点两侧上级线路或主变压器均过载	通过调节机组出力大幅降低合环电流
合环过流保护动作	合环后电压相角超前节点上级线路或主变压器过载，电压相角滞后节点上级线路和主变压器不过载	适当减小滞后节点负荷
	合环后电压相角超前节点上级线路和主变压器不过载，电压相角滞后节点上级线路或主变压器过载	适当增大超前节点负荷
	合环后节点两侧上级线路或主变压器均过载	需要通过调节机组出力大幅降低合环电流

针对部分未配置合环保护的110kV及以上电网站点，需根据继电保护配置原则，结合相关基建或技改工程，完善相关母联合环保护配置。

（二）10kV电网层面

对于10kV线路合环操作，由于其与电网实时电气量大小及相位关系很大，无法依靠离线计算手段进行准确计算，且无配置合环保护，不具备在线计算系统进行计算。

根据合环电流相关理论基础及运行人员经验，对10kV电网合环操作的建议如下：①发生过掉闸的合环点，建议停电倒闸，以避免扩大事故范围；②将10kV架空线路电源相关分区信息标注到SCADA系统，或者建立相关分区信息，有多个合环点可选择时，选择来自同一分区的两路进行合环操作；③对于来自不同电网分区电源的10kV线路进行停电倒闸操作；④在相关站点进线合环操作时，选择负荷较小或一旦停电其造成影响较小的时段（半夜或清晨）操作；

⑤在操作过程中应尽量缩短合环时间，避免长时间合环运行；⑥在进行倒母线操作中，避免两台主变压器在负载率差别较大时进行合环操作，即先操作架空线，再操作开闭站进线电缆（考虑开闭站配置有合环保护）；⑦选择天气条件良好时合环，避免合环期间电磁环网的高压联络线路发生故障时潮流转移到低压联络线路。

除上述技术措施的建议外，在投资等条件允许的情况下，也可以采取以下技术措施：①进行配网自动化改造，缩短合环时间，减少合环期间对设备的冲击；②在架空线合环点选择规划期间，合环点设计来自同一电网分区；③在合环点两侧安装相角差监测装置，合环倒闸前可调整两侧电压差，使两侧相角差、电压差在允许范围内时进行合环操作。

四、电网合环仿真计算案例

以北京电网为例，在重要电力用户密集的核心供电区，在每次重大保障任务前都需要合环倒闸操作，提前开展电压和相角差的监视，以及合环电流仿真计算，进行如同母线倒架空等一系列电网方式改变。

为实现合环前电网运行状态和趋势的波形级精细感知，根据合环计算的需要，国网北京市电力公司电力科学研究院研发了基于5G的变电站同步波形量测装置，如图2-4所示。装置采用标准2U机箱外壳，内置高精度模数转换模块、北斗对时模块和嵌入式5G通信模组，实现最高12.8kHz电压、电流波形采样和200ns精度的同步采集。

图2-4　基于5G的变电站同步波形量测装置

基于5G的变电站同步波形量测装置在220、110kV和10kV电网选择合环成功率不高的合环站点进行入站安装，对合环点两端的母线电压进行实时（ms级）数据回传和计算。同步波形量测装置在变电站现场的安装照片如图2-5所示。

图2-5　同步波形量测装置在变电站现场的安装照片

基于量测装置回传的合环点两侧电压实时波形数据，可以计算得到合环点两侧电压的相角差和合环电流计算值，为合环操作提供依据。该站的合环电压实时监测和合环电流计算结果界面如图2-6所示，合环电流计算结果分为暂态电流计算结果和稳态电流计算结果。

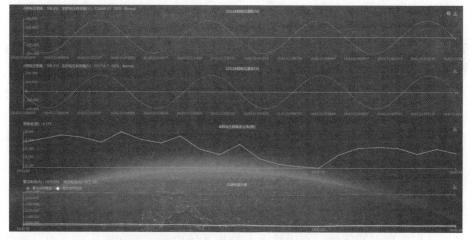

图2-6　合环电压实时监测和合环电流计算结果界面

第四节　电压跌落仿真、测试及防范措施

从电力系统的角度来看，引起电压跌落的主要原因是短路故障。除三相短路引起平衡跌落外，其他的不对称故障将引起不平衡跌落。本小节从电压跌落的介绍、电压跌落传递特性分析、电压跌落仿真计算边界以及防范措施等方面

进行阐述，可为大型活动供电保障提供技术防范及技术分析依据。

一、电力系统电压跌落简介

关于电力系统电压跌落的定义目前没有统一的国际标准，相关标准主要有国际电气与电子工程师协会（IEEE）IEEE Std 1346—1998标准和欧洲的EN50160标准等，我国至今尚无相关技术标准。

IEEE将电压跌落定义为：发生电压跌落时电压的有效值U_{RMS}降至额定值U_N的10%～90%，按照持续时间分为瞬时跌落10～600ms、暂时跌落600ms～3s和短时跌落3s～1min。电压跌落示意图如图2-7所示。

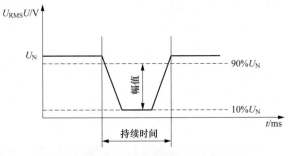

图2-7　电压跌落示意图

由电力系统某处发生故障而引起的电压跌落会通过输电网向各个电压等级传播，一定范围内的用户都可能受到电压跌落的影响。通过开展电压跌落的电磁暂态仿真计算，可以明确系统故障引起的电压跌落程度和影响范围，从而进一步分析重要用户及重点保障负荷的受影响程度，并提前采取一定的技术防范措施。

二、电压跌落传递特性分析

（一）单相短路故障

发生单相短路故障时，故障相电压几乎降为零，在中性点直接接地系统中非故障相电压保持不变，在中性点不接地系统中非故障相电压升高为原来的$\sqrt{3}$（≈1.732）倍。

单相短路故障经过Yy0接线的变压器或长线路后，与故障点相比故障相电压升高，幅值跌落在0～100%之间。

单相短路故障经过Yd11接线的变压器后，故障相前一相的电压跌落，幅值跌落一般在57%～100%之间，而故障相后一相的电压保持不变。如B相短路，A、B相电压跌落，而C相电压则保持不变。

（二）两相短路故障

发生两相短路故障时，在故障点处非故障相电压等于故障前电压，故障相电压幅值跌落50%。

两相短路故障经过Yy0接线的变压器或长线路后，非故障相电压仍等于故障前电压，与故障点相比故障相电压升高，幅值跌落在50%～100%之间。

两相短路故障经过Yd11接线的变压器后，非故障相的前一相和非故障相电压跌落较小，而非故障相的后一相电压则跌落较大。如AC相短路，A、B相电压跌落较小，而C相电压则跌落较大。

（三）三相短路故障

发生三相短路故障时，三相电压跌落程度基本一致，故障点处三相电压几乎降为零，具体数值与过渡电阻有关。

离故障点越远，三相电压降落程度越小，即受故障影响越小。

三、电压跌落仿真计算边界

电磁暂态过程是指电力系统各个元件中电场和磁场以及相应的电压和电流的变化过程，电磁暂态仿真是对电力系统从几微秒到几秒之间的电磁暂态过程进行仿真。

（一）计算条件

电磁暂态仿真计算程序可采用中国电力科学研究院电力系统全数字实时仿真装置（ADPSS）进行机电电磁混合仿真，其中计算电网可采用电磁暂态模型，计算外电网采用机电暂态模型；计算电网和外电网也可采用全电磁暂态模型进行计算分析。

（二）短路故障类型及计算准则

1.短路故障类型

（1）500kV负荷线路发生故障。

（2）220kV线路发生故障。

（3）110kV负荷线路发生故障。

（4）110kV母线所带其他架空线路发生故障。

（5）10kV负荷线路发生故障。

（6）10kV母线所带其他线路发生故障。

2.计算准则

（1）仿真步长选择100μs。

（2）仿真时间为2s。

（3）故障类型选择金属性单相接地，两相短路故障或三相短路故障。

（4）根据经验值，接地电阻选择1.15Ω。

（5）不考虑电缆线路。

（6）故障切除时间。线路全线有快速保护时，500kV线路近故障点侧0.09s跳开，远故障点侧0.1s跳开；220kV线路两侧跳开均用0.12s；110kV线路两侧跳开均用0.2s。

四、电压跌落的技术防范措施

针对重要用户的负荷特点、保障重点和保障时段等要求，从造成电压跌落的原因和对重要用户造成的影响进行分析，对特别重要的用户可以采取一定的技术防范措施，以减小电压跌落对重要用户的影响。电力系统电压跌落的技术防范措施从两个方面考虑：一方面是通过提升电网侧供电来源数量来提高供电可靠性；另一方面是在用户侧安装使用相关装置来提高供电可靠性，本书重点介绍后者。

（一）快速固态切换开关技术方案

快速固态切换开关（Solid-State-Transfer Switch，SSTS）是定制电力技术之一，是一种基于电力电子技术的无机械触点的快速切换开关。SSTS装置可安装在两路低压供电电源与用电负荷之间，用于两路电源之间的快速切换，其动作时间为ms级，已在国网北京电力等单位得到广泛应用，应用效果良好。下面给出某SSTS装置实现双路电源切换的试验测试结果，供参考。

1.试验接线

SSTS试验测试接线示意图如图2-8所示。

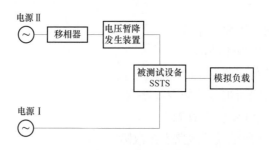

图2-8　SSTS试验测试接线示意图

2.试验过程

（1）试验一：Ⅱ路电源为主供电源正常输入，Ⅰ路作为备用电源，调节移相器，设置两路电源电压相位存在15°左右的偏差。

1）手动断开Ⅱ路电源，模拟断电故障。

2）SSTS装置由主路Ⅱ路电源切换到备用Ⅰ路电源，切换过程的电压、电流波形如图2-9所示。

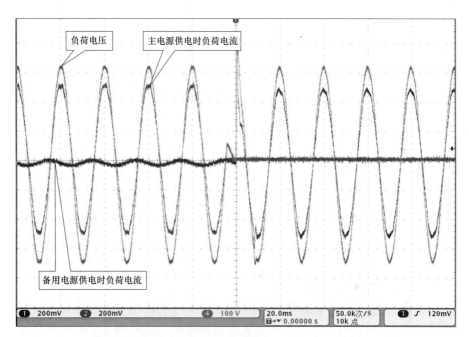

图2-9　SSTS装置切换过程的电压、电流波形（试验一）

（2）试验二：Ⅱ路电源为正常输入，Ⅰ路作为备用，且电压相位存在15°左右的移相。

1）手动断开Ⅱ路电源C相，模拟缺相故障。

2）SSTS装置由主路切到备用，切换过程输出端波形如图2-10所示。

3.试验结果

试验一结果：由主路切为备用电源切换时间约为3ms，模拟负荷灯出现闪烁，未灭。

试验二结果：由主路切为备用电源切换时间约为5ms，模拟负荷灯出现闪烁，未灭。

试验结果表明，主用电源三相故障或单相故障情况下，SSTS均能在5ms内切换至备用电源，基本不影响用电负荷正常运行。

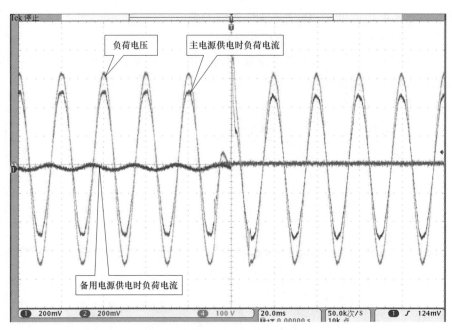

图2-10　SSTS装置切换过程的电压、电流波形（试验二）

（二）飞轮储能技术方案

飞轮储能是一种机电能量转换的储能装置。该装置采用物理方法进行储能，并通过电动/发电互逆式双向电机实现电能与高速运转飞轮的机械能之间的相互转换和储存。飞轮储能系统具有储能密度高、适应性强、无污染等优点，已经在重要电力负荷应急供电领域得到较为广泛的应用。下面给出一例飞轮储能系统快速切换的试验测试结果，供参考。

飞轮储能切换试验接线及测点示意图如图2-11所示。利用便携式多通道同步电能质量测试仪同时监测飞轮储能输入点和输出点的电压、电流情况，具体监测位置见图2-11中"监测点一"和"监测点二"。

试验测试过程：模拟两路市电同时断开失去，测试飞轮储能输出响应情况。监测点一处和监测点二处电压和电流5个周波的波形分别如图2-12和图2-13所示。

由图2-12和图2-13可见，飞轮储能在其输入市电电源断开的情况下，输出负荷侧电压经过1.56ms恢复正常，且未发现负荷异常工作或停机。

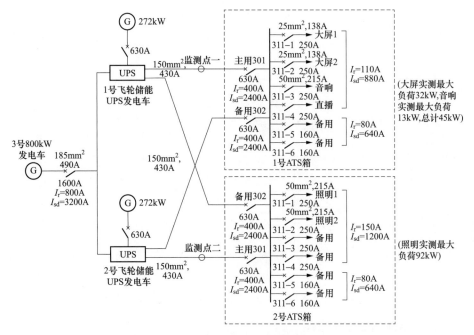

图2-11 飞轮储能切换试验接线及测点示意图

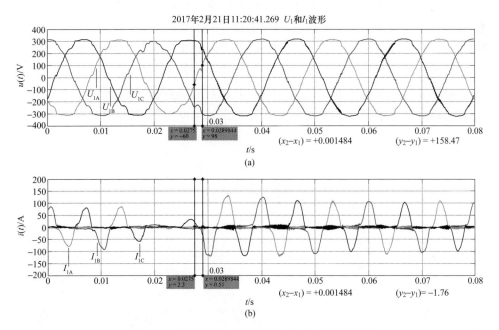

图2-12 监测点一处电压和电流5个周波的波形

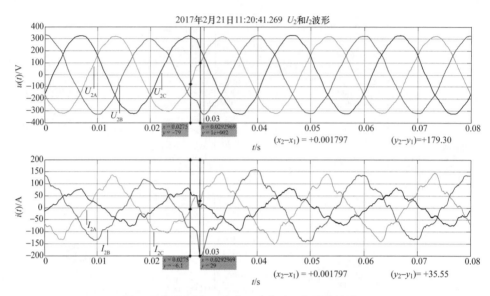

图2-13　监测点二处电压和电流5个周波的波形

（三）电池储能技术方案

电池储能系统（Battery Energy Storage System，BESS）也是用户负荷侧应急供电电源的技术方案之一，在市电电源失去的情况下，能够快速为电力负荷提供电源。下面给出一例电池储能系统快速切换的试验测试结果，供参考。

试验接线及测试过程与上述飞轮储能试验相似，直接拉开市电输入端电源开关，模拟市电断电情况，测试得到电池储能系统输出的电压、电流波形，分析其响应过程。本段测试共记录1400s测试数据，电池储能暂态响应过程中市电输入端和输出端电压、电流波形分别如图2-14和图2-15所示。

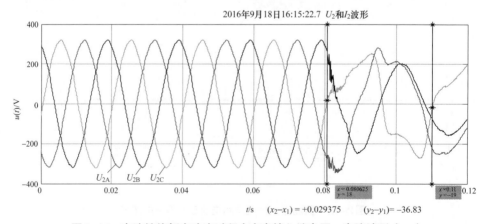

图2-14　电池储能暂态响应过程中市电输入端电压、电流波形（一）

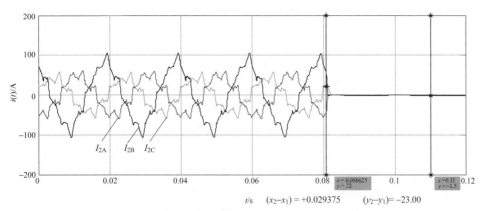

图2-14 电池储能暂态响应过程中市电输入端电压、电流波形（二）

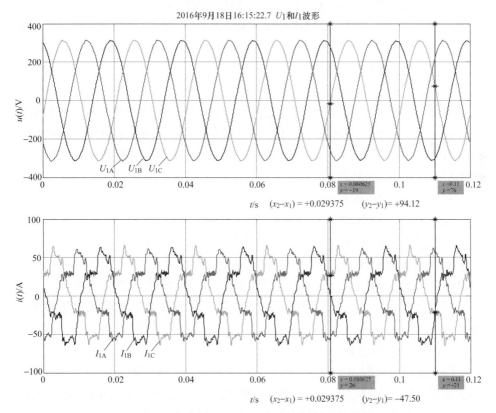

图2-15 电池储能暂态响应过程中输出端电压、电流波形

由图2-14可见，在16:15:22.7时刻，市电输入端电源断开，由图2-15可见，输出端在此时刻以及后续时间波形连续正常，实现了负载零间断供电。

（四）交流接触器技术方案

交流接触器在低压电动机控制系统中的应用非常广泛，占了相当大的比例。由电磁式交流接触器的工作原理可知，当电网电压跌落出现"晃电"时，会造成工作线圈短时断电或电压过低，导致依靠电流维持吸合的动、静铁吸力小于释放弹簧的弹力，使接触器释放产生跳闸停机。

下面介绍几种交流接触器电压暂降防范技术方案。

1.抗"晃电"接触器

抗"晃电"接触器为双线圈结构，电源正常状态下，控制模块处于储能状态，接触器的启动和停止与常规接触器一样。当有"晃电"发生时，电压降到接触器的维持电压以下，控制模块开始工作，以储能释放的形式保持接触器继续吸合。当电源电压恢复后，控制模块又转入储能状态。该装置一般延迟时间为 $0 \sim 3s$ 内可调。另外，还可以在接触器上直接加装延时模块来实现其抗"晃电"功能。

2.接触器低电压穿越智能保护器

接触器低电压穿越智能保护器（LSP）通过动态分析接触器线圈电感的参数，利用电力电子技术、单片机控制技术，并结合交流接触器本体，来实现对交流接触器的智能化控制，可有效避免电网发生低电压时对连续生产造成的影响。由于LSP只是用来控制接触器的线圈，故每一个带有重要负载的交流接触器都要配备一个LSP智能控制器。

3.交流接触器线圈经变压器调压

为了提高交流接触器对电压暂降的免疫度，可将一、二次侧匝数比为380/220的变压器接到电源和工作线圈之间。一次侧所加电压为线电压，其中一相为交流线圈原供电相，二次电压通过变压器后变为220V给线圈供电。当电源侧发生电压暂降时，若只有一相出现暂降，线圈可从非暂降相获得足够电压来维持交流接触器的吸合状态，可大大提高交流接触器对电压暂降的免疫能力。

4.交流接触器线圈两端并联电容器

将二极管与电容器串联后再并联到交流接触器工作线圈的两端，当线圈两端电压正常时，电容器经过二极管半波整流后进行充电。当线圈端的电压出现暂降时，线圈端电压小于电容器端电压，电容器开始放电，维持工作线圈的工作电流，使交流接触器保持在吸合状态，实现电源电压暂降免疫的目的。

（五）其他技术防范措施

除上述几种电压跌落的技术防范方案以外，还可以采取改变负载容量、修

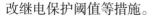

改继电保护阈值等措施。

1.改变负载容量

负载容量的大小会影响敏感负荷电压暂降耐受能力。以开关电源为例,由开关电源电压暂降耐受度试验可知,随着负载下降,开关电源正常工作临界电压下降,即开关电源电压暂降敏感度下降。亦即开关电源所带负载越小,其电压暂降的承受能力越高。因此,为了提高敏感负荷的电压暂降耐受特性,可考虑在一定的范围内,减小接入的负载容量,从而使其能够承受暂降深度更深的电压暂降,增强对电压暂降的免疫能力。

2.修改保护阈值

正常情况下,敏感负荷都有低电压保护阈值,当电压暂降幅值降低到该保护阈值以下后,低电压保护动作,进而负荷会停止工作。为了提高敏感负荷的电压暂降耐受特性,可考虑在不影响负荷正常工作的情况下,在一定的范围内降低敏感负荷低电压保护阈值,从而使其能够承受暂降深度更深的电压暂降。而对于变频器,可在适当范围内提高过电流保护阈值,以增大其电压暂降耐受能力。

第五节 电能质量在线监测技术

电能质量是经由公用电网来供给用户端的交流电能的品质。在理想状态下的公用电网是以恒定的正弦波形、标准电压和频率对用户进行供电的,在三相交流系统中电流的幅值与各相电压是大小相等、同时相位对称并互差120°的。然而,在实际电网中,上述电网系统的电压、电流、频率等均存在偏差。而过大的偏差会致使用户的电力设备无法正常工作,乃至故障或者误动作,此类问题称之为电能质量问题。本节主要介绍电能质量的指标及电能质量在线监测技术。

一、电能质量指标

目前,我国电能质量方面现行有效的技术标准主要包括:《电能质量 供电电压偏差》(GB/T 12325—2008)、《电能质量 电压波动和闪变》(GB/T 12326—2008)、《电能质量 公用电网谐波》(GB/T 14549—1993)、《电能质量 三相电压不平衡》(GB/T 15543—2008)、《电能质量 电力系统频率偏差》(GB/T 15945—2008)、《电能质量 公用电网间谐波》(GB/T 24337—2009)、《电能质量 电压暂降与短时中断》(GB/T 30137—2013)。电能质量的衡量指标可分为稳态指标和暂态指标。

（一）稳态指标

稳态指标主要包括频率、电压偏差、三相电压不平衡、长时闪变、短时闪变、谐波（谐波电压总畸变率、谐波总电流、各次谐波电压、各次谐波电流）、间谐波。

（二）暂态指标

暂态指标主要包括：电压暂升、电压暂降、电压短时中断。电能质量监测数据指标类型见表2-6。

表2-6　　　　　　　　　　电能质量监测数据指标类型

指标类型	指标参数
稳态电能质量指标	各次谐波电压（电流）含量及其含有率
	电压（电流）总谐波畸变率
	有功功率、无功功率、功率因数
	频率
	电压偏差
	短时间闪变、长时间闪变
	电压不平衡度、负序电压、负序电流
暂态电能质量指标	电压暂升、电压暂降、短时中断

二、电能质量监测装置及分析方法

下面分别介绍常用的电能质量监测装置及电能质量分析方法。

（一）电能质量监测装置

1.电能质量在线监测终端

电能质量在线监测终端主要被固定安装在变电站内，对电网进行长时间的在线监测，具备一定的录波和数据存储功能，可通过网络通信将数据传输至监测系统。

2.便携式电能质量分析仪

便携式电能质量分析仪的功能比较强大，可以进行长时间或者短时间数据分析，拥有完善的软件功能和比较方便的操作界面，主要适用于现场专项检测、科学研究和干扰设备接入电网前后的检测，价格比较昂贵。

3.手持式分析仪

手持式分析仪由用户随身携带，可以定期或者随机在现场进行检测，功能较为简单，一般主要是进行电压和频率两个指标的检测。

（二）电能质量分析方法

1.时域仿真分析法

时域仿真方法在电能质量分析中的应用最为广泛，其最主要的用途是利用各种时域仿真软件工具对电能质量问题中的各种暂态现象进行研究。对于电压下跌、电压上升、电压中断等有关电能质量暂态问题，较多采用时域仿真方法。

2.频域分析法

频域分析方法主要用于电能质量稳态问题。比如谐波、电压波动和闪变、三相不平衡等。相对于暂态问题，此类事件具有变化相对较慢、持续事件较长等特点。对称分量法是最常用的方法，它的优点是概念清晰、建模简单、算法成熟，但耗时长。

3.数学变换分析法

在电能质量分析领域中广泛应用的基于变换的方法主要有傅里叶变换、神经网络、二次变换、小波变换等方法。用于监测信号的频谱分析、能量谱分析、大数据处理、谐波分析等情况。

三、电能质量在线监测系统

下面简要介绍电能质量在线监测系统的总体功能、各功能模块、部署结构及数据交互等方面的内容。

（一）总体功能

电能质量在线监测系统能够实现稳态、暂态数据的监测和存储，通过稳态、暂态数据的分析和专业报告生成实现对电网电能质量数据"全监测"。电能质量在线监测系统以数据库为核心，台账数据、电能质量稳态和暂态数据、报表数据等均保存在本地数据库中。电能质量在线监测系统功能包含通信协议库、台账配置模块、谐波模块、暂降模块、国网谐波监测平台接口等，其总体功能架构如图2-16所示。

（二）功能模块

系统功能模块主要包括通信协议库、台账配置模块、调度暂降接口、谐波模块、暂降模块、国网谐波监测平台接口。

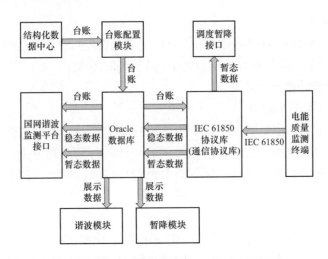

图2-16　电能质量在线监测系统总体功能架构

1. 通信协议库

通信协议库主要实现电能质量监测终端接入。监测终端实时或定时通过通信链路向通信协议库传输数据，并由通信协议库写入数据库中。

2. 台账配置模块

台账配置模块用于录入监测点的台账，为其他的模块提供索引转换或参数信息。

3. 调度暂降接口

调度暂降接口用于系统监测到暂降事件后，向调度转发暂降事件。

4. 谐波模块

谐波模块用于实现稳态电能质量数据展示、数据分析、系统管理等功能。

5. 暂降模块

暂降模块用于实现暂态数据的展示、分析、设备管理等功能。

6. 国网谐波监测平台接口

用于实现向总部电能质量在线监测系统传送电能质量稳态、暂态和台账数据。

（三）部署结构

电能质量在线监测系统的监测终端部署在各变电站中，所属信息内网通过VPN通道接入信息内网中。电能质量在线监测系统与数据中心、调度中心暂降接口、电能质量在线监测系统进行接口对接。

（四）数据交互

电能质量在线监测系统与电能质量监测终端交互，采用IEC 61850通信协议从电能质量监测终端获取3s数据、历史统计数据、暂态数据等电能质量指标数据。

电能质量在线监测系统与调度中心暂降接口进行交互，向调度暂降接口推送暂降信息。数据单向流动，从系统流向调度中心。

电能质量在线监测系统与总部电能质量在线监测系统进行交互，通过谐波模块纵向接口向总部传输3s数据、历史统计数据、台账数据、暂态数据等信息。台账数据、历史统计数据、暂态数据等由总部定时从系统读取。

四、大型活动供电保障中的电能质量监测

在大型活动供电保障工作中，应用电能质量监测装置和系统可对重要供电设备（如飞轮、UPS、SSTS、ATS等）和用电负荷（如舞台机械、屏幕、灯光、音响等）的工作状态进行实时监测，并利用监测数据分析其运行特性，及时解决电力系统中各节点可能存在的安全隐患，保证供电保障工作的顺利开展。

（一）监测系统搭建

在保电工作中，搭建有线或无线电能质量监测系统，可利用4G/5G无线通信技术，将数十台电能质量监测终端的测试数据远程传入无线监测系统的后台服务器，后台服务器可用以分析测试数据和波形，且通过展示模块将所有监测数据实时展示，实现人机交互。

（二）监测点选取

根据重要用户供电方式中的关键环节、重要负荷的种类、负荷所在位置选择监测点的位置。如供电保障场所中有3种供电方式、4类用电负荷，则所选测点应尽量覆盖全部供电方式、所有负荷种类、各类负荷所在位置，对于干扰型负荷（如舞台机械、屏幕）可增加测点数量。将所选测点列表梳理，内容包括各测点位置、供电接线方式、变压器参数、负荷类型、负荷容量和品牌型号等。

（三）监测装置安装

依据监测点列表安装监测装置，安装过程应确保监测装置具有良好的供电电源，确保各装置的时钟同步，确认周围环境具有良好的无线信号，以及确认三相电压、三相电流采集的正确性和数据完整性。

（四）实时监测

通过有线/无线监测系统对所有临时监测点进行实时监测，包括电压电流

波形、电压电流有效值、电压电流谐波、电压不平衡度、电压偏差、电压暂降等数据和指标。

（五）数据分析

监测系统可每日出具监测分析总结报告，将每个测点的电压偏差、电压不平衡度、谐波电压、谐波电流、冲击电流等数据指标进行总结，每种负荷可选取一个典型测点进行详细分析。

（六）问题治理

针对监测过程中发现电能质量指标超标的监测点，可进行专项问题分析，分析超标原因、提出技术措施并开展电能质量问题治理。

第三章　典型敏感负荷特性分析及保障技术

在大型活动中，常见的计算机及监控系统、照明类、显示屏类、音响类等用电负荷能否正常工作，直接影响到各项大型活动的举办效果，甚至有可能造成影响范围较大的重大事件，而上述用电负荷对电网的电压暂降、跌落、闪变等电能质量事件非常敏感。因此，研究并掌握该类典型电力敏感负荷的特性，并提前采取防范和保障技术措施十分必要。本章给出了照明类、显示屏类、音响类及制冰类典型敏感用电负荷特性的研究和测试结果，并提出了保障技术措施，为大型活动供电保障提供技术指导。

第一节　照明类负荷特性分析及保障技术

根据工作原理进行分类，照明类负荷可分为卤素灯、金属卤化灯、气体放电灯、高压钠灯、LED灯等。卤素灯的玻璃外壳中充有一些卤族元素气体（通常是碘或溴），通过钨蒸气与卤素原子结合与分解发光；金属卤化灯必须先加高压使灯内气体电离，从触发到弧光放电阶段用时较长，通常搭配电感镇流器；气体放电灯是由紫外线激发管壁上的荧光粉发光；高压钠灯是由放电物质电离放电，两者均具有电子镇流器。近年来，由于LED灯所表现出的照明高性能，已逐渐普及应用，对于体育场馆、会场等大型照明要求来说，大功率的LED灯更是不二之选。如今的大功率LED灯不仅能很好地满足基本的照明需求，而且能通过驱动控制以及电脑程序实现光亮、色温、光效等各方面的动态调节效果。但多种功能实现的同时也对电能质量提出了更高的要求。本部分将主要以LED灯为主测试分析其负荷特性，从电压暂降对LED灯的影响和LED灯谐波电流特性两方面进行阐述，并提出技术保障措施。

一、大功率LED灯的组成及工作原理

（一）大功率LED灯的组成

通常来说，LED灯具主要由LED光源、驱动电源、散热器、控制器等部分组成。

1.LED 光源

常用的大功率LED器件单颗功率一般只有1W或者数瓦左右，LED灯具需要多颗LED器件组成光源，多颗LED器件焊接在基板上，并通过基板上布设的线路进行串并联连接，就制成了光源板。

2.驱动电源

通常情况下，LED驱动电源采用开关电源，其输入包括工频交流市电、低压高频交流电（如电子变压的输出）、低压直流电、高压直流电等。而LED驱动电源的输出一般为恒定电流。驱动电源有内置式和外置式之分，内置式安装于灯具壳体内部，外置式独立于壳体外部。

3.散热器

大功率LED灯具在运行过程中，会有一大部分的输入能量转化成热能，一般均配置散热器。通常LED灯具采用：被动式散热与主动式散热两种散热方式。

4.控制器

控制器主要以单片机或微处理器系统为核心，包括传感器、通信模块、显示屏、按键、旋钮、触摸屏等外围单元，以及相应的控制软件。

（二）驱动电源的工作原理

由上述大功率LED灯的组成可知，驱动电源的输出直接影响LED灯的工作状态，即驱动电源是受电压暂降影响的关键。LED驱动电源的基本原理按主电路的结构来分，分作DC/DC驱动电源和AC/DC驱动电源两大类。后者较为常见。

AC/DC驱动电源首先经过AC/DC变换，将输入交流电源转换成直流形式，然后用DC/DC变换进一步完成直流电压值的变换，再经过闭环负反馈即可实现恒压/恒流输出。实现交流电压向直流电压形式变换的主要方式是整流电路。LED驱动电源功率不大，一般采用单相交流供电，而且后端有专门的电压控制环节，所以其整流电路常采用最简单的单相不可控桥式整流电路。经过整流滤波后，加上DC/DC恒压/恒流电路，即可实现AC/DC驱动电源的功能。LED灯驱动电源工作原理框图如图3-1所示。

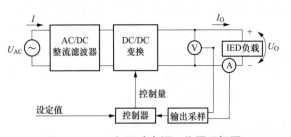

图3-1　LED灯驱动电源工作原理框图

二、大功率LED灯的启动及稳态运行特性

下面通过实际LED照明灯具的测试，给出其启动及稳态运行特性，供参考。

（一）启动过程

以玛斯柯（MUSCO）品牌LED照明系统（带控制器）为例，采用最大照明负载模式启动，启动过程的电流波形如图3-2所示。由图可见，启动过程经历5个阶段，用时2.3s。

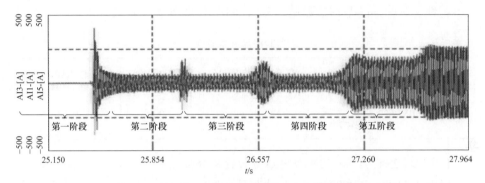

第一阶段　第二阶段　第三阶段　第四阶段　第五阶段

图3-2　MUSCO LED照明系统启动过程的电流波形

第一阶段出现冲击电流，瞬时峰值最大为397.79A，电压有效值由234V稍降为233V，该过程在约200ms后结束，以33A有效值运行；在第一个启动冲击结束约400ms后，电流中谐波突增导致波形畸变增大，持续50ms，进入第二阶段；第二个冲击结束450ms之后，出现电流缓慢增大，电流瞬时峰值最大为156A，整个过程用时约100ms，进入第三阶段；第三个冲击结束400ms后，再次出现电流缓慢增大，过程用时200ms，之后负荷以120A有效值运行，进入第四阶段；第四个冲击结束340ms后，进入第五阶段，随后负荷电流稳定在178A。

通过实际测试比较可见，LED灯的启动特性最好。不同类型照明灯具启动特性测试结果见表3-1。

表3-1　　　　　　　　不同类型照明灯具启动特性测试结果

类别	功率/W	启动特性
钠灯（飞利浦）	1000	冷态启动约2min进入稳态。熄灭后2～3min开始启辉，约3min恢复正常照明
金属卤化灯（GE）	150	冷态启动约3min。熄灭后冷却时间长，8～10min后恢复正常照明
金属卤化灯（飞利浦）	150（双端）	冷态启动约3min。熄灭后冷却时间长，7～9min后恢复正常照明
LED灯（欧司朗）	5	瞬时启动

（二）环境温度和工作电压的影响

大部分驱动电源具有宽电压的特性，在一个较大的电压范围内均可正常运行。本小节以飞利浦（PHILIPS）品牌 LED 灯具为例，在保证 LED 灯未受影响（未出现熄灭、闪动等现象）的前提下，对比不同环境温度和工作电压下的运行特性。试验样品基本参数见表 3-2，驱动电源分为 1 端和 2 端。

表 3-2　　　　　　　　　　　　试验样品基本参数

厂家	型号	类型	交流输入电压 /V	额定功率 /W	交流输入频率 /Hz
飞利浦	BVP622	LED 灯、驱动电源	220 ～ 240	600	50/60

1. 室温（25℃）下不同工作电压运行特性分析

以电压 110V，持续 2000ms 工况为例：220V 交流电暂降到 110V，暂降时间 2s，然后恢复到 220V 交流电，LED 灯不熄灭。该过程的电压电流波形趋势如图 3-3 所示。

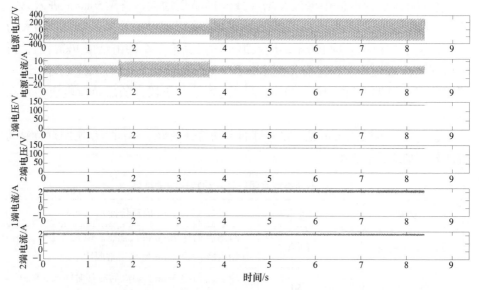

图 3-3　电压 110V，持续 2000ms 工况电压电流波形趋势（25℃）

记录电压为 220V 时的交直流侧参数，分别见表 3-3 和表 3-4。

表3-3   **电源电压为220V时交流侧参数**

基波电压 /V	219.701	总电压 /V	219.703
基波电流 /A	2.787	总电流 /A	2.812
基波有功 /W	606.111	总有功 /W	606.018
基波无功 /var	−87.002	总无功 /var	−120.124
基波视在功率 /VA	612.324	总视在功率 /VA	617.809
基波功率因数	0.990	总功率因数	0.981

表3-4   **电源电压为220V时直流侧参数**

LED 灯 1 端平均电压 /V	133.75	LED 灯 2 端平均电压 /V	133.81
LED 灯 1 端平均电流 /A	2.12	LED 灯 2 端平均电流 /A	2.14
LED 灯 1 端平均功率 /W	283.85	LED 灯 2 端平均功率 /W	286.02

电源电压为110V时的交直流侧参数分别见表3-5和表3-6。

表3-5   **电源电压为110V时的交流侧参数**

基波电压 /V	109.669	总电压 /V	109.670
基波电流 /A	5.675	总电流 /A	5.737
基波有功 /W	620.560	总有功 /W	620.509
基波无功 /var	−46.807	总无功 /var	−104.255
基波视在功率 /VA	622.323	总视在功率 /VA	629.206
基波功率因数	0.997	总功率因数	0.986

表3-6   **电源电压为110V时的直流侧参数**

LED 灯 1 端平均电压 /V	133.75	LED 灯 2 端平均电压 /V	133.81
LED 灯 1 端平均电流 /A	2.12	LED 灯 2 端平均电流 /A	2.14
LED 灯 1 端平均功率 /W	283.87	LED 灯 2 端平均功率 /W	285.74

对比可得，在电压暂降未使灯熄灭的过程中，LED灯直流侧的电压、电流、平均功率没有发生变化，但由于110V是正常工作电压的一半，为了维持LED灯直流侧的功率不变，交流侧电源电流会升高到原来的2倍。LED灯无论是正常工作还是暂降过程中，其功率都是恒定不变的。

2. 低温（-25℃）下不同工作电压运行特性分析

以电压110V，持续2000ms工况为例：220V交流电暂降到110V，暂降时间2s，然后恢复到220V交流电，LED灯不熄灭。该过程的电压电流波形趋势如图3-4所示。

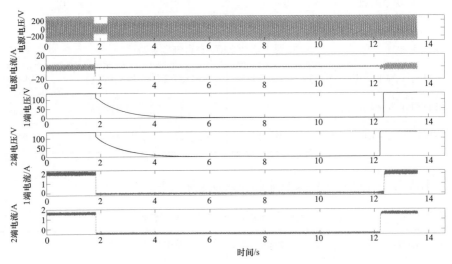

图3-4　电压110V，持续2000ms工况电压电流波形趋势（-25℃）

记录电压为220V和110V时的直流侧参数，分别见表3-7和表3-8。

表3-7　　　　　　　　电源电压为220V时直流侧参数

LED 灯 1 端平均电压 /V	134.91	LED 灯 2 端平均电压 /V	135.01
LED 灯 1 端平均电流 /A	2.09	LED 灯 2 端平均电流 /A	2.00
LED 灯 1 端平均功率 /W	282.39	LED 灯 2 端平均功率 /W	270.12

表3-8　　　　　　　　电源电压为110V时的直流侧参数

LED 灯 1 端平均电压 /V	134.67	LED 灯 2 端平均电压 /V	134.71

续表

LED 灯 1 端平均电流 /A	2.09	LED 灯 2 端平均电流 /A	2.00
LED 灯 1 端平均功率 /W	280.80	LED 灯 2 端平均功率 /W	269.62

　　在低温下，LED灯1端负荷功率与室温下基本相等，LED灯2端负荷功率受低温影响使得功率下降约10W，说明对比1端，LED灯2端对温度变化敏感。

　　由以上对比可知，环境温度对LED灯在暂态过程能正常工作中的负荷特性的影响很小，其中相对而言2端，功率对温度变化相对敏感些，平均功率变减小也仅5%。对比220V和110V均在正常工作状态，不论室温还是低温，LED灯均呈现恒功率负荷特性。

三、电压暂降耐受特性

　　供电电源设置为220V交流电，给LED灯充电一段时间后，由事先设置好的程序进行电压暂降，暂降完后恢复默认220V交流电压；观察记录LED灯的状态、LED灯熄灭后自恢复的时间，用录波仪记录相关实验数据。每两次暂降实验间隔1min，即LED灯充电时长至少为1min再进行下一次暂降实验。

　　（一）电压暂降耐受特性曲线

　　分别在室温（25℃）和低温（−25℃）环境下做6组LED灯的电压暂降耐受曲线，如图3-5和图3-6所示。

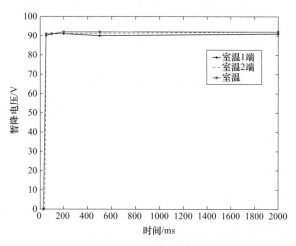

图3-5　室温下LED灯的电压暂降耐受曲线

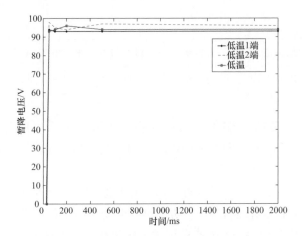

图3-6　低温下LED灯的电压暂降耐受曲线

由图3-5和图3-6可得出下列结论。

（1）6条电压暂降耐受曲线形状大致相同。当暂降时间为50～2000ms时，LED灯的暂降电压较稳定，介于90～98V之间；当暂降时间不足50ms，暂降电压急剧下降，当暂降电压降为0V时，暂降时间为27～38ms。

（2）相比室温环境，低温环境降低了LED灯的电压暂降耐受能力。在相同的暂降时间下，低温环境LED灯1端的暂降电压比室温1端高出2～4V，低温环境LED灯2端的暂降电压比室温2端高出4～8V。

（3）在室温环境下，LED灯1端和2端的电压暂降耐受能力差别不大，相同的暂降时间下2端比1端高0～1V。在低温环境下，LED灯1端和2端的电压暂降耐受能力存在差距，相同的暂降时间下2端比1端高1～4V。总体看，LED灯2端的电压暂降耐受能力弱于1端。不同类型灯具电压短时中断耐受时间见表3-9。

表3-9　　　　　　　　　不同类型灯具电压短时中断耐受时间

类别	电压短时中断耐受时间 /ms
钠灯（飞利浦）	5
金属卤化灯（GE）	5
金属卤化灯（飞利浦）	8
LED灯（欧司朗）	80

（二）电压暂降影响后的二次启动特性

LED灯受暂降影响熄灭后到恢复照明过程中的电压、电流参数特性为二次启动特性，受暂降影响的现象可分为全熄灭和部分熄灭。

1. 全熄灭后的二次启动特性分析

以室温（25℃）下暂降电压91V，暂降时间1000ms工况为例，该过程的电压电流波形趋势如图3-7所示。

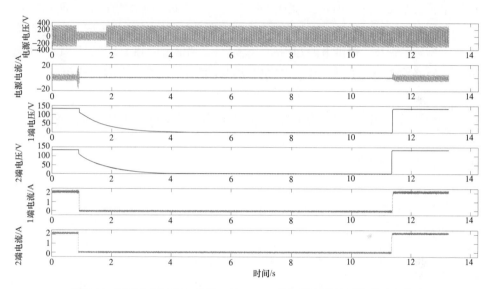

图3-7　暂降电压91V，持续1000ms工况电压电流波形趋势（25℃）

现场测试从LED灯熄灭到恢复，秒表计测量时间约为10.4s；由图3-7可知，LED灯1端和2端电流从下降为0A到恢复正常时间约为10.5s，因此考虑秒表计的计时误差，可认为电流持续为0A的时间为LED灯熄灭的时间。LED灯1端和2端电流同时下降为0A，同时恢复正常，说明LED灯同时熄灭、同时自恢复。

电源电压开始暂降，电源电流会出现短暂的冲击电流，幅值达到17.88A，电源电压开始暂降到LED灯1端和2端电流下降为0A的时间大约是0.09s，说明LED灯在电压暂降后不会立即熄灭。

电源电压开始暂降，LED灯1端和2端直流电压没有立刻下降，然后快速下降到110V左右，此时刻点与1端和2端电流迅速下降为0A的时刻相同；然后1端和2端直流电压逐渐下降到0V，整个过程时间约为3s；但是在恢复过程中，LED灯1端和2端电压是瞬间从0V上升至工作电压，且上升时刻点与1端和2

端电流开始恢复的时刻也相同。

　　上述过程中LED灯1端和2端电压下降比较缓慢，恢复比较迅速，主要原因是下降过程中驱动箱存在的电容逐步放电。电源电压恢复正常到LED灯恢复照明时间约9.5s，可认为该时间为LED灯二次启动自恢复时间。

　　2.部分熄灭后的二次启动特性分析

　　以室温（25℃）下暂降电压91.5V，暂降时间500ms工况为例：该过程的电压电流波形如图3-8所示。LED灯会出现亮一半灭一半的情况，说明LED灯的1端和2端由于实际组成器件的差别，导致两者的性质有些不同。通过实验发现大多数情况下1端供电的LED灯不熄灭、2端供电的LED灯熄灭，说明1端的电压暂降耐受能力强于2端。二次启动自恢复时间与全熄灭时间相等。

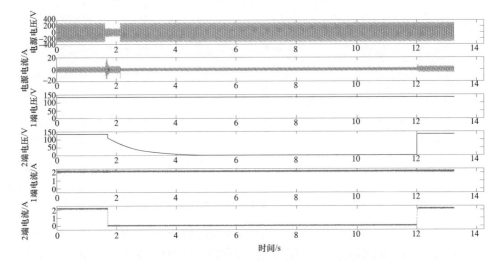

图3-8　暂降电压91.5V，持续500ms工况电压电流波形趋势（25℃）

　　3.连续两次电压暂降的二次启动特性分析

　　设置第一次暂降电压0V，暂降时间29ms；中间恢复电压为220V，时长为15s；再进行第二次暂降电压0V，暂降时间29ms。连续两次电压暂降的电压电流波形趋势如图3-9所示，可见LED灯的充电时间影响LED灯的电压暂降耐受能力，第一次暂降LED灯没有熄灭，因为中间充电时间较短，第二次暂降LED灯全熄灭。原因是每次电压暂降会影响LED灯驱动箱电容的状态，充电时间较短，进行第二次暂降时电容电量无法维持所以LED灯熄灭。

　　经过大量实验发现，LED灯从熄灭到恢复的过程时长约10s，但小概率出现恢复时间较短的现象。多次试验发现恢复时间集中在1～2s。

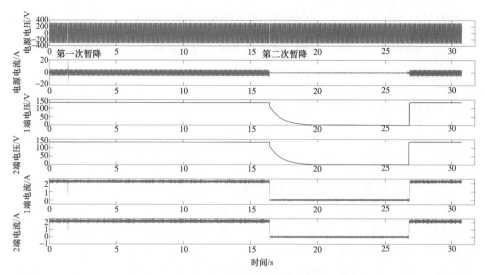

图3-9　连续两次电压暂降的电压电流波形趋势

四、谐波发射特性

LED灯的正常运行状态可分为两种工况：①电源电压正常供电；②电压持续暂降过程中LED灯未受影响。以下针对这两种工况下分析LED灯运行的谐波发射特性。

（一）正常电压供电时谐波发射特性分析

设置供电电源电压为220V交流电，标准正弦波，谐波电流参数见表3-10，可知谐波电流主要集中在奇次，3、5、7次谐波电流较大。根据多次现场监测结果，总结出不同品牌和型号的LED灯具运行电流各次谐波含量，见表3-11。

表3-10　　　　　　　　　　　谐波电流参数

LED 灯电流 THD（%）		
2～50 次谐波畸变率	51～100 次谐波畸变率	2～100 次谐波畸变率
12.235	1.744	12.358
LED 灯谐波电流 /A		
2～50 次谐波电流有效值	51～100 次谐波电流有效值	2～100 次谐波电流有效值
0.341	0.049	0.344
谐波电流 /A		
3 次谐波电流有效值	5 次谐波电流有效值	7 次谐波电流有效值
0.254	0.118	0.144

表3-11　　　　　　　　　　不同品牌LED运行电流各次谐波含量　　　　　　　（A）

品牌	基波	3次	5次	7次	9次
飞利浦 BVP622（单台）	3.56	0.29	0.17	0.21	0.02
MUSCO TLC-LED-1200	78.05	1.79	6.24	4.27	0.24
MUSCO	174.4	0.84	17.96	6.66	1.06

（二）电压暂降但未影响负荷时谐波发射特性分析

电源电压为110V，此时LED灯仍然正常运行，谐波电流参数见表3-12，可知谐波电流主要集中在奇次，3、5、7次谐波电流较大。对比表3-10发现：暂降过程中的谐波电流与正常工作时的谐波电流畸变率基本相等，3、5、7次谐波电流都较大；暂降过程中3、5、7次谐波电流有效值要大于正常工作时的谐波电流有效值，说明谐波电流值与基波电流值呈正相关。

表3-12　　　　　　　　　　　谐 波 电 流 参 数

电源谐波电流 THD（%）		
2～50次谐波畸变率	51～100次谐波畸变率	2～100次谐波畸变率
14.521	0.777	14.542
电源谐波电流 /A		
2～50次谐波电流有效值	51～100次谐波电流有效值	2～100次谐波电流有效值
0.824	0.044	0.825
谐波电流 /A		
3次谐波电流有效值	5次谐波电流有效值	7次谐波电流有效值
0.765	0.237	0.150

（三）低温环境时谐波发射特性分析

设置运行环境为-20℃，分别记录LED灯在正常电源电压和电压暂降时的谐波电流参数，见表3-13和表3-14。

表3-13 正常电源电压下谐波电流参数（-20℃）

LED 灯电流 THD（%）		
2～50 二次谐波畸变率	51～100 二次谐波畸变率	2～100 二次谐波畸变率
12.570	2.695	13.017
LED 灯谐波电流 /A		
2～50 次谐波电流有效值	51～100 次谐波电流有效值	2～100 次谐波电流有效值
0.361	0.077	0.374
谐波电流 /A		
3 次谐波电流有效值	5 次谐波电流有效值	7 次谐波电流有效值
0.288	0.129	0.132

表3-14 电压暂降时谐波电流参数（-20℃）

LED 灯电流 THD（%）		
2～50 二次谐波畸变率	51～100 二次谐波畸变率	2～100 二次谐波畸变率
14.614	1.345	14.676
LED 灯谐波电流 /A		
2～50 次谐波电流有效值	51～100 次谐波电流有效值	2～100 次谐波电流有效值
0.852	0.078	0.855
谐波电流 /A		
3 次谐波电流有效值	5 次谐波电流有效值	7 次谐波电流有效值
0.794	0.234	0.156

对比表3-10、表3-12可知，低温LED灯谐波特性与室温LED灯谐波特性基本一致，温度对LED灯谐波发射特性影响不大。

五、保障措施

根据前面的分析可知，LED及其他常见类型灯具的启动过程对其他负荷影响不大，运行期间谐波电流在允许范围内，因此对此类负荷的保障可重点关注对电压暂降的敏感特性。目前，开关类技术、串联型补偿类技术、并联型补偿类技术、直流支撑技术是现有的对电压暂降、电压短时中断的治理手段。不同电压暂降治理装置的特点分析比较见表3-15。

表3-15　　　　　　　　不同电压暂降治理装置的特点分析比较

技术类型	典型装置	优缺点及适用场景	技术成熟度	市场参考价格
开关类技术	固态切换开关SSTS	过零关断，切换速度20ms，切换开关成本较高，但需要配置独立双电源，可靠性一般，损耗较大，适用于小容量低压场景	技术成熟，小容量SSTS切换柜市场普遍可见	开关设备本体200～500元/kVA，需要配置独立双电源，此部分价格较高
	快速机械开关	强迫断开，真空灭弧技术，切换速度>100ms，切换速度较慢，成本较低，可靠性高，损耗低，适用于大容量中高压场景	技术较新，少量设备厂家掌握了该技术，市场占有率不高	开关设备本体300～600元/kVA，独立双电源配置价格较高
串联型补偿类技术	串联型DVR	不含储能的串联型DVR仅能补偿50%幅值以上的暂降，含储能的串联型补偿深度及时间受储能能量限制，响应时间一般<5ms，成本较并联型DVR低，适用于小容量低压场景	技术较成熟，国外设备厂家较多，国内厂家不多，有一定市场占有率	1000～3000元/kVA，容量越大，单位kVA价格越低，进口产品价格偏高（此价格不含储能部分，储能部分与其配置容量有关）
	在线式不间断电源On-line UPS	能完全补偿暂降，负载电压零闪动，补偿时间受储能能量限制，效率低，成本较高，适用于小容量低压场景	技术成熟，国内外设备厂家多，有广泛的市场占有率	1000～2000元/kVA（国产，标配30min时长的铅酸电池）进口产品价格偏高，实际价格与配置的储能电池类型及容量相关
并联型补偿类技术	并联型DVR	可完全补偿电压暂降，效率较高、响应时间快，有一定技术门槛，补偿时间受储能能量限制，单位成本较高，适用于小容量低压场景	技术较新，少量设备厂家掌握了该技术，市场占有率不高	2500～4000元/kVA（含标配3s时长的超级电容），容量越大，单位kVA价格越低

续表

技术类型	典型装置	优缺点及适用场景	技术成熟度	市场参考价格
并联型补偿类技术	飞轮动态 UPS	能完全补偿暂降，响应时间较快，补偿时间受储能能量限制，效率较高，但结构复杂、体积大，成本较高，适用于大容量高压场景	技术成熟，设备厂家较少，市场占有率不高	2000～4000 元 / kVA，后期维护费用较高，进口产品价格偏高
直流支撑技术	DC-link Support	能完全补偿暂降，响应时间快、效率高，成本很低，补偿时间受储能能量限制，仅适用于变频器的电压暂降治理，且需要对变频器进行拆机改造	技术较成熟，设备厂家较少，市场占有率不高	1000～2000 元/kVA（国产，标配 1min 时长的铅酸电池）实际价格与配置的储能电池类型及容量相关

在实际应用中，会考虑"分散交叉接线"的分布方式，场地照明分为相同数量的两组，交叉布局，两路供电电源互相独立地给两组灯供电，且每路电源可以给所有负荷供电。采用三相电源按相序依次交替供电，可减少特定情况下的频闪。采用配置 UPS 的保障方式，后备式 UPS 的切换时间为 10ms 左右，在线式 UPS 没有切换时间，因此在重要活动中通常采用在线式 UPS 保障照明设备的供电不受影响。宜选用多套 UPS 装置分多组为场地照明系统供电，以降低 UPS 装置故障带来的风险，需综合考虑 UPS 馈线开关或熔丝能否与照明回路的电气元件匹配。依据《民用建筑电气设计标准》（GB 51348—2019）中 UPS 容量配置的要求，UPS 配置容量应为对应负荷的 1.3 倍以上。

对冬奥赛事场馆主要照明设备的容量和配置的 UPS 进行了考察，UPS 容量符合标准要求，同时均配置了 30min 的备用时间。

六、小结

综合现场及实验室对 LED 灯具的测试结果，可以得到如下结论。

（1）负荷整体呈容性，功率因数大于 0.95，每天运行时段较规律。

（2）正常工作状态下呈现恒功率型负荷特性，因此在未受到影响的暂降过程中，基波电流会相应增大。

（3）启动冲击电流较小（运行电流的 2 倍以内）；电流以 3、5、7 次谐波为主，谐波电流值较小。LED灯未受到影响的暂降过程中，谐波电流有效值要大于电压正常时的谐波电流有效值，谐波电流值与基波电流值相关，基波电流值越大，谐波电流值越大。

（4）被试品飞利浦BVP622正常工作的最低电压是93V，在23ms以内可以耐受电压中断（暂降至0V），暂降起始角对电压暂降耐受特性无明显影响。相比室温环境，低温环境降低了LED灯的电压暂降耐受能力。LED灯的充电时间会影响LED灯的电压暂降耐受能力，如果LED灯充电时间较短，则降低LED灯的电压暂降耐受能力。二次启动时间在几百毫秒到10s不等。

（5）被试品玛斯科（MUSCO）照明控制系统失电或关闭对照明本身无影响，但在控制系统恢复时会发生照明电流短时下降的现象，并导致灯光闪烁。

（6）运维建议。为保障照明无闪动，被试品飞利浦BVP622需在23ms内完成电压暂降治理。被试品玛斯科（MUSCO）控制系统断电再恢复时对灯光有影响，可重点关注。可采用在线式UPS保障照明设备的供电不受影响。

第二节　显示屏类负荷特性分析及保障技术

全彩屏LED电子显示屏（简称"LED显示屏"）在体育赛事、大型娱乐、动态广告等场合广泛应用，已成为极其重要的显示媒介。

一、工作原理

（一）LED显示屏硬件构成

若干可组合拼接的显示单元构成屏体，再加上一套控制器，就构成了LED显示屏。LED显示屏的组成部分有主控制器、扫描板、显示控制单元和屏体等，其工作原理系统框图如图3-10所示。

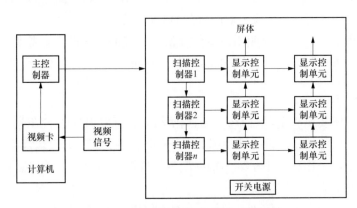

图3-10　LED显示屏工作原理系统框图

　　屏体是一块块单元模板组成的，而一块块单元模板是由一颗颗LED灯珠组成的。现在厂家生产的LED显示屏基本都是贴片灯，尺寸大小不一，亮度也不一样。每颗LED灯珠都含有三原色，为1个像素，即红、绿、蓝颜色的发光二极管都被封装在一个灯座上。成千上万个LED灯珠亮出指定的颜色组成一帧画面，然后一帧一帧地变化，就成了我们肉眼可见的动画。

　　每一颗灯珠每种红绿蓝颜色亮多少，需要主控制器从计算机视频卡获取一屏各像素的各色亮度数据，然后分配给若干块扫描板，每块扫描板负责控制LED显示屏上的若干行（列），而每一行（列）上的LED显示信号则用串行方式通过本行的各个显示控制单元级联传输，每个显示控制单元直接面向LED显示屏体。

　　（二）开关电源

　　由图3-10所示LED显示屏工作原理系统框图可知，开关电源的直流侧输出直接影响显示屏的工作状态，即开关电源是受电压暂降影响的关键。

　　开关电源是相对于线性电源来说的，通常由一个整流器和一个电压调节器（DC/DC换流器）组成。单相电压型桥式PWM整流电路结构如图3-11所示。

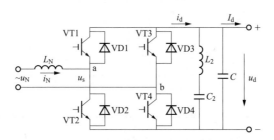

图3-11　单相电压型桥式PWM整流电路结构

　　正常工作时，交流电压经整流器整流后得到幅值较高的直流电压，再由电压调节器将其调节为10V左右的直流电压，提供给用电模块。如果交流侧电压降低，整流器直流侧的电压也将随之降低。但是，在一定的电压变化范围内，电压调节器有能力使其输出电压恒定，保证设备正常工作。若整流器直流侧电压过低，调节器输出电压不足以维持定值时，则可能影响设备的正常工作。

　　二、启动及稳态运行

　　以达科电子LED大屏为例，其启动过程电压电流波形如图3-12所示，经历两次电流冲击，整个过程用时66ms。第一次冲击电流瞬时峰值超过1000A（由于电流表量程只设置了1000A，三相波形尖峰均因超过量程被削波），电压由229V跌落至225V；第一次冲击后30ms出现第二次冲击，电流瞬时峰值在1000A左右（部分尖峰被削波），第一次冲击电流明显大于第二次。启动过程结束后，三相分别以30、45、33A的有效值稳定运行。

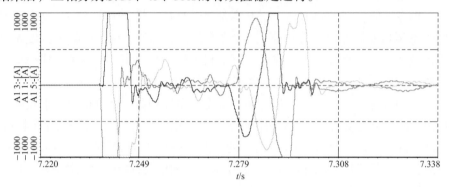

图3-12　达科电子LED大屏启动过程电压电流波形

显示屏稳定运行时电压电流波形如图3-13所示，其中电流波形由于谐波影响出现明显畸变，其谐波特性将在后一节详述。

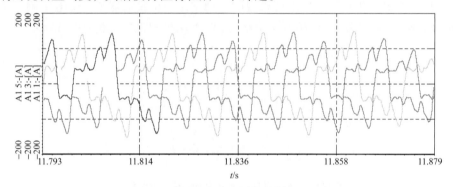

图3-13　显示屏稳定运行时电压电流波形

随着屏幕图像的变化，负荷电流大小也在实时变动，显示屏稳定运行的某段时间内电流波形变化如图3-14所示，测试期间稳态运行时电流有效值统计见表3-16。

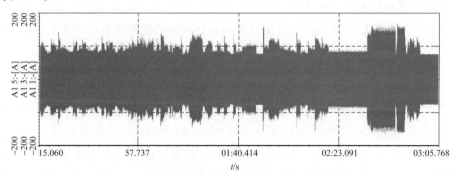

图3-14　显示屏稳定运行的某段时间内电流波形变化

表 3-16 显示屏测试期间稳态运行时电流有效值统计

参数	最小电流值 /A	最大电流值 /A
A 相有效值	44.08	95.75
B 相有效值	41.93	91.99
C 相有效值	37.77	80.61

三、电压暂降耐受特性

试验所用到的 LED 显示屏基本参数见表 3-17（以下中若无说明，均为该试验样品的测试结果）。

表 3-17 LED 显示屏基本参数

厂家	型号	交流输入电压 / V	交流输入频率 / Hz	交流输入功率最大值 / (W/m²)	交流输入功率平均值 / (W/m²)
MAVHUB	M3013	AC100 ~ 240	50/60	521	235

为了提高 LED 显示屏工作的可靠性，其内部通常针对不同的供电电压幅值提供了保护阈值，该阈值决定了显示屏在电压暂降时是短暂熄屏还是系统重启。

（一）电压暂降耐受特性曲线

1. 各色屏

设置工况为使 LED 显示屏的屏幕显示为不同的颜色（纯色），即白、红、蓝、黑、黄色。依次在不考虑相位跳变和暂降起始角（试验 1）、考虑相位跳变（试验 2）、考虑暂降起始角（试验 3）的条件下进行测试。为了排除 LED 电子显示屏屏显颜色的不同对电压暂降耐受特性曲线的影响，在这部分的测试中，对不同屏幕颜色的 5 种工况分别进行了熄屏和重启的电压暂降耐受特性曲线的测试。各色屏的熄屏和重启电压暂降曲线如图 3-15 所示。

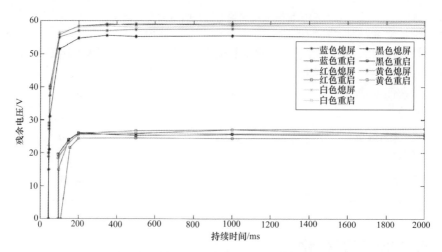

图3-15 各色屏的熄屏和重启电压暂降曲线

由图3-15可知，各色屏的熄屏和重启所分别对应的暂降幅值和持续时间有些许差异，但电压暂降耐受曲线形状大致相同。其主要原因是不同颜色的驱动电流大小不一样，功耗不同。在熄屏的电压暂降耐受曲线中，蓝色和黄色为上限，黑色为下限，从上到下排序基本为蓝、黄、白、红、黑；在重启的电压暂降耐受曲线中，红色为上限，蓝色为下限；从上到下排序基本为红、黄、白、黑、蓝。

所以，对于不考虑相位跳变和暂降起始角的LED显示屏的电压暂降耐受特性，各色屏的熄屏和重启所分别对应的暂降幅值和持续时间有些许差异，但电压暂降耐受曲线形状大致相同。其主要原因是不同颜色的驱动电流大小不一样，功耗不同。可以得到的结论是：残余电压大致在55～60V，持续时间大于50ms的电压暂降事件会引起LED电子屏熄屏；残余电压大致在18～27V，持续时间大于150ms的电压暂降事件会引起LED电子屏重启，在44ms内可以耐受电压短时中断（暂降至0V）。

2.白色屏

由上述可知，各色屏的熄屏和重启所分别对应的电压暂降耐受曲线形状大致相同，所以屏幕颜色的差异对LED电子显示屏的电压暂降耐受特性曲线并没有产生不可忽略的影响，所以下面以白色屏为例，测试相位跳变对于电压暂降耐受特性曲线的影响。白色屏相位跳变正负30°与0°电压暂降耐受曲线对比如图3-16所示。

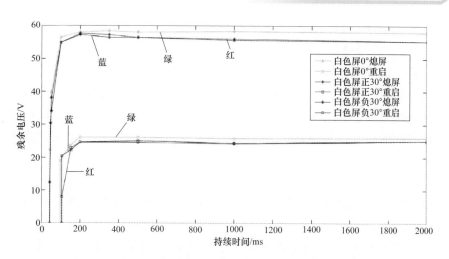

图3-16　白色屏相位跳变正负30°与0°电压暂降耐受曲线对比

由图3-16可知，相位跳变对电压暂降耐受特性曲线无太大影响，相对来说电压暂降有相位跳变后更耐受一些。

同样以白色屏为例，测试暂降起始角对于电压暂降耐受特性曲线的影响。白色屏暂降起始角90°与0°电压暂降耐受曲线对比如图3-17所示。

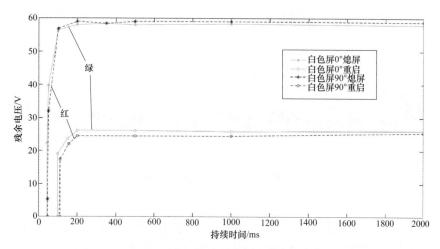

图3-17　白色屏暂降起始角90°与0°电压暂降耐受曲线对比

由图3-17可知，在熄屏的情况下，当暂降起始角为90°与暂降起始角为0°曲线大致相同；在重启的情况下，暂降起始角90°的曲线略低于暂降起始角为0°的曲线，但最高相差不超过2V。所以，可以认为暂降起始角对电压暂降耐受特性曲线无太大影响。

（二）电压暂降影响后的二次启动特性

LED显示屏受暂降影响熄屏后，重新恢复到正常界面显示的过程称为二次启动过程，可分为两种现象：①屏幕仅熄灭，此时直至完全恢复大致需要10s的时间（期间会出现闪屏的现象，但是具有偶然性）；②屏幕熄灭并且系统重启，此时恢复到主界面的时间大约是48s，再加上需要人工从主界面操控到需要显示界面的时间，总共大概需要60s，取决于人的反应速度。以下试验结论供参考。

1.熄屏

LED显示屏在受到电压暂降（残余电压大致在55～60V，持续时间大于50ms的电压暂降事件就会引起LED电子屏熄屏）影响使得熄屏后，这个过程发送卡电源模块直流侧输出电压降至了4V左右，这是导致熄屏的原因。发送卡电源模块直流侧输出电压会随着电压暂降的结束而恢复到正常电压（12V左右），其电流经过10s左右的时间慢慢恢复到正常电流，完成黑屏现象的自启动。熄屏二次启动特性试验电压电流波形如图3-18所示。

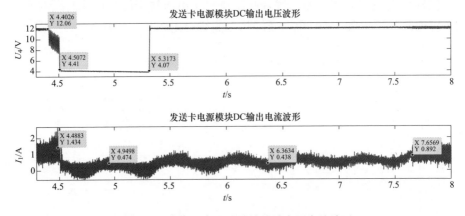

图3-18　熄屏二次启动特性试验电压电流波形

2.重启

LED显示屏在受到电压暂降（残余电压大致在18～27V，持续时间大于150ms的电压暂降事件就会引起LED电子屏重启）影响使得整个系统重启后，这个过程系统卡电源模块直流侧输出电压降到0V左右，会触发固态继电器闭锁，使得LED驱动器的直流侧输入电压降落到0V左右，这是导致重启的原因。系统卡电源模块直流侧输出电压会随着电压暂降的结束而逐渐恢复到正常电压，固态继电器在持续闭锁一段时间后恢复，LED驱动器的直流侧输入电压也恢复正常。重启二次启动特性试验相关电压波形如图3-19所示。

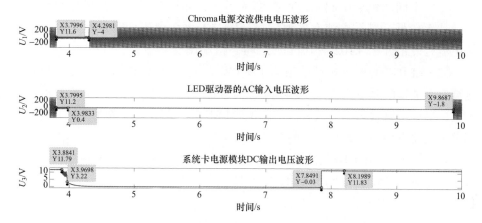

图3-19　重启二次启动特性试验相关电压波形

四、谐波发射特性

（一）单屏谐波特性分析

调整LED显示屏的颜色依次为白、黑、黄、红、蓝，分别记录基波和谐波数据，首先分析其在正常运行下的低频段（2～40次）各次谐波电流有效值及含量，分别如图3-20和图3-21所示。

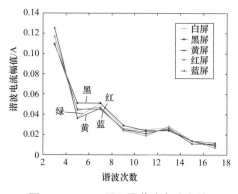

图3-20　LED显示屏谐波电流有效值　　　图3-21　LED显示屏谐波电流含量

由图3-20和图3-21可得出如下结论：

（1）低频段谐波电流有效值较小，总的趋势是随着谐波次数的增长，谐波电流有效值下降。根据《电磁兼容限值谐波电流发射限值（设备每相输入≤16A）》（GB 17625.1—2012）和IEC 61000-3-2:2018，该设备的谐波电流限值满足标准要求。

（2）不同颜色会引起LED屏亮度的不同，如LED屏颜色为黑色时亮度较小，功率较低，基波电流有效值较小。但LED屏颜色不同时，2～40次总谐波电流有效值介于0.102～0.111A之间，相差较小。

（3）LED屏整流方式是单相电压型PWM整流，谐波电流发射特性与基波电流有效值影响基本无关。当基波电流有效值发生变化，谐波电流有效值变化不大，谐波电流含量变化较大。由此说明LED屏的谐波发射特性较好，基波电流发生变化不会影响到LED屏的谐波发射特性。

各色屏2k～100kHz超高频谐波电流聚合频谱如图3-22～图3-25所示。聚合超高频谐波电流即从2kHz开始，每1kHz之间的数取方均根值。

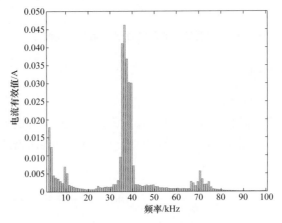

图3-22　白屏超高次谐波聚合

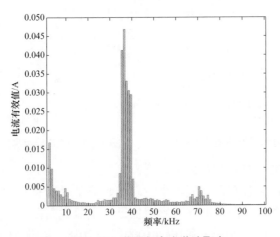

图3-23　黄屏超高次谐波聚合

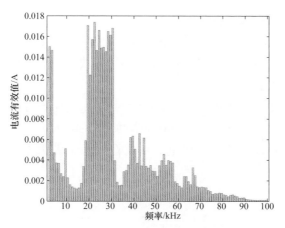

图3-24　蓝屏超高次谐波聚合

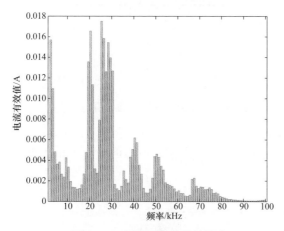

图3-25　黑屏超高次谐波聚合

可以发现，超高次谐波聚合与屏幕颜色相关，蓝屏与黑屏超高次谐波聚合类似，在20k～30kHz之间有效值较大，最大值为0.017A；白屏与黄屏超高次谐波聚合类似，特征频率是36kHz，最大值是0.047A。

根据多次现场监测结果，总结不同品牌和型号的LED大屏运行电流各次谐波含量，见表3-18。

表3-18　　　　　不同品牌和型号的LED大屏运行电流各次谐波含量　　　　　（A）

品牌	基波	3次	5次	7次	9次
达科电子、利亚德	62.69	22.21	14.35	14.05	2.60
利亚德	55.86	4.83	4.01	2.11	2.98

（二）多屏谐波叠加特性分析

为了验证单屏谐波发射特性与多屏谐波发射特性之间是否存在一定规律，以某会议室的多屏（即整个大LED显示屏是由多块小LED显示屏拼接组成）为例开展测试，供参考。

被试样本会议室LED显示屏共分为8个部分，每个部分包含8个小LED显示屏，总共64个小LED显示屏，其电源接线如图3-26所示，支路1、2、4、5、6、8、9、10分别给这8个部分供电。在试验中，分别设置LED屏的颜色是黑色和红色。

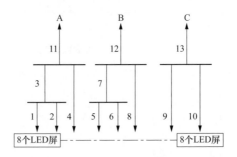

图3-26 某会议室LED显示屏电源接线

1.低频段谐波特性

绘制A相的红屏谐波电流相角图和黑屏谐波电流相角图，分别如图3-27和图3-28所示。

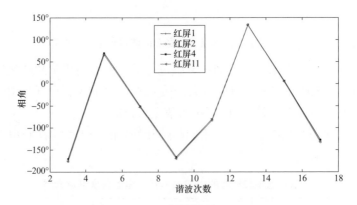

图3-27 A相红屏谐波电流相角图

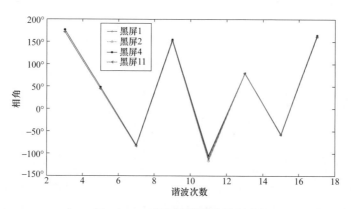

图 3-28　A 相黑屏谐波电流相角图

通过测试结果可以看出同一颜色下，A 相 1、2、4、11 支路各次谐波电流相角基本相同，所以谐波电流满足代数相加关系。同时对比支路 1、2、4 三路谐波电流有效值代数和与支路 11 谐波电流有效值，经由误差分析，基波误差最大值为 8.73%，各次谐波误差值最大为 7.34%，多屏谐波有效值代数和叠加可基本满足工程应用要求。A 相叠加电流与总电流见表 3-19。

表 3-19　　　　　　　　　　A 相叠加电流与总电流

参数	1	3	5	7	9	11	13	15	17
红 1、2、4 叠加电流有效值 /A	5.97	5.33	3.93	2.32	0.87	0.26	0.67	0.73	0.31
红 11 电流有效值 /A	6.54	5.75	4.22	2.50	0.95	0.28	0.71	0.77	0.34
红屏误差（100%）	8.73	7.34	6.98	6.98	8.10	6.47	5.91	6.39	6.45
黑 1、2、4 叠加电流有效值 /A	5.21	4.63	3.49	2.14	0.88	0.17	0.56	0.67	0.33
黑 11 电流有效值 /A	5.63	4.94	3.70	2.27	0.94	0.19	0.59	0.71	0.34
黑屏误差（100%）	7.45	6.10	5.72	5.76	6.92	7.22	4.29	4.88	4.78

同理，依照上述分析 A 相数据的方法分析 C 相数据，与上面结论一致。绘制 C 相的红屏谐波电流相角图和黑屏谐波电流相角图，分别如图 3-29 和图 3-30 所示。

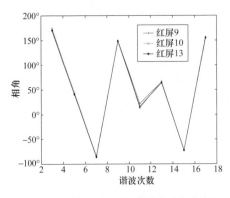

图3-29　C相红屏谐波电流相角图

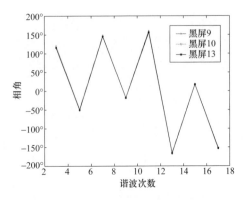

图3-30　C相黑屏谐波电流相角图

同一颜色下，C相9、10、13支路各次谐波电流相角基本相同，所以谐波电流满足代数相加关系。对比支路9、10三路谐波电流有效值代数和与支路13谐波电流有效值，经由误差分析，多屏谐波有效值代数和叠加可满足工程应用要求，与A相结论相同。所以在低频段，某会议室LED电子显示屏满足叠加关系：多屏的总谐波电流等于各单屏谐波电流的代数和。

2.高频段谐波特性

经测试可知，A相和C相的红屏和黑屏的结论大致相同，所以屏幕颜色的差异以及三相线路对LED电子显示屏的谐波发射特性并没有产生不可忽略的影响，以红屏A相为例，取41～49次谐波电流的数据，绘制红屏A相谐波电流相角图，如图3-31所示。

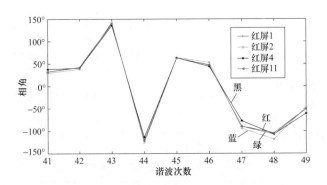

图3-31　A相红屏谐波电流相角图（41～49次）

可以发现，41～49次谐波电流相角基本相同，超高频谐波电流满足代数叠加关系。将红屏1、2、4支路电流叠加，与红屏11支路电流对比。由误差分析可知，各次谐波相对误差值最大为11.122%，但绝对误差仅为0.001A，其他各次谐波均

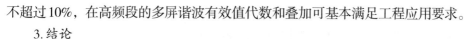

不超过10%，在高频段的多屏谐波有效值代数和叠加可基本满足工程应用要求。

3.结论

综上，某会议室LED屏满足低频段和高频段代数叠加关系，由此推出由多个同一规格的单屏组成的LED大屏满足叠加关系。因此我们可以采用同型号LED单屏测试结果估算出大型赛事和活动中使用的大面积和大功率的大屏谐波发射特性。

五、保障措施

大屏类负荷的谐波含量通常较大，在实际应用的场景中会出现导致母线谐波超标的问题。为此应要求回路的中性线的截面不小于相线截面，测试及大负荷试验时检查各电子信息设备、数字处理设备工作是否受影响，以及检查变配电设备及线缆的发热情况。根据发现的问题，视情况采取屏蔽、隔离、加大导体截面、通风、加装滤波装置等抑制谐波的措施。

1.无源滤波器

谐波抑制的传统方法是采用LC调谐滤波器，但它只能补偿固定频率的谐波，补偿效果也不甚理想。对于大型较稳定的非线性用电设备，频谱特征明显，自然功率因数（力率）又较低的单相非线性负荷以及谐波源所产生的谐波较集中于连续的3次（如3、5、7次）或以下的谐波治理宜采用并联无源滤波器（Passive Filter），并在谐波源处就地装设。

2.有源电力滤波器

当公共连接点或系统装置内部连接点处的谐波电压超标时，对于谐波电流较大的非线性负荷，当谐波波频较宽（如大功率因数整流设备），谐波源的自然功率因数较高（如变频调速器、核磁共振机等）时宜采用有源电力滤波器（Active Power Filter，APF），并按下列原则进行谐波治理。

（1）当非线性负荷容量占配电变压器容量的比例较大，设备的自然功率因数较高时，宜在变压器低压配电母线侧集中装设有源电力滤波器。

（2）当一个区域内有较分散且容量较小的非线性负荷时，宜在分配电箱母线上装设有源电力源波器。

（3）当配电变压器供电对象仅有少量非线性重要设备时，宜对每台谐波源的成套电气设备配置上选用带有抑制谐波功能的有源电力滤波器或就地装设有源电力滤波器。

3.混合装设方式

对容量较大，3、5、7次谐波含量高，频谱特性复杂、负荷比较稳定、自然功率因数较低的谐波源，当公共点或内部连接点处的谐波电压超标时，宜采用无源滤波器与有源电力滤波器混合装设的方式。为了避免串联型APF复杂的维护问题，推荐使用并联型APF。考虑到大型活动中大屏负荷的功率较大，单独配置UPS经济性较差，因此其电压暂降问题的治理可以采用UPS+ATS或SSTS的方式。

六、小结

综合现场及实验室对LED大屏的测试结果，可以得到如下结论。

（1）整体呈容性，功率因数在0.4～0.9范围内波动，稳定运行时电流大小随显示图像变化而明显变化，每天运行时段较规律。

（2）部分型号启动冲击瞬时峰值超过1000A，为运行电流的10倍以上。

（3）被试品MAXHUB大屏电压暂降至55～60V，持续时间大于50ms时就会引起LED电子屏熄屏，电压暂降至18～27V，持续时间大于150ms时就会引起LED电子屏重启，在44ms以内可以耐受电压中断（暂降至0V）。

（4）各色屏的熄屏和重启所分别对应的暂降幅值和持续时间有些许差异，但电压暂降耐受曲线形状大致相同。其主要原因是不同颜色的驱动电流大小不一样，功耗不同。相位跳变对电压暂降耐受特性曲线无太大影响，相对来说电压暂降有相位跳变后更耐受一些。在重启的情况下，暂降起始角90°的电压暂降耐受特性曲线略低于暂降起始角为0°的电压暂降耐受特性曲线，但最高相差不超过2V，可以认为暂降起始角对电压暂降耐受特性曲线无太大影响。

（5）二次启动时间方面，屏幕若仅熄灭，二次启动用时约10s，过程与正常启动过程相似；若屏幕熄灭且系统重启，二次启动至恢复到主界面用时约48s（不考虑人为时间）。

（6）谐波电流占基波百分比较大，以3次谐波为主（其次为5、7次），谐波电流发射特性与基波电流有效值影响基本无关。屏幕颜色对低频段谐波发射特性影响不大，超高次谐波聚合与屏幕颜色相关。多屏的总谐波电流约等于各单屏谐波电流的代数和。

（7）运维建议。为保障大屏运行正常，需在几十毫秒内完成电压暂降治理，可以采用UPS+ATS或SSTS的方式。由于谐波电流占基波百分比较大，因此大功率屏幕对应谐波电流较大，可重点关注治理。

第三节 音响类负荷特性分析及保障技术

音响系统是指用传声器把原发声场声音的声波信号转换为电信号，并按一定的要求将电信号通过一些电子设备的处理，最终用扬声器将电信号再转换为声波信号重放，这一从传声器到扬声器的整个构成就是音响系统。音响系统的演出效果由音源设备和后级扩声共同决定，要得到满意的演出效果就要在各部分的使用中注意一些问题，以及系统的连接和调试。

一、工作原理

音响系统主要由音源系统、调音系统、周边设备、扩声系统及连接设备组成。以某体育场馆的音响系统为例，其构成及工作原理如图3-32所示。

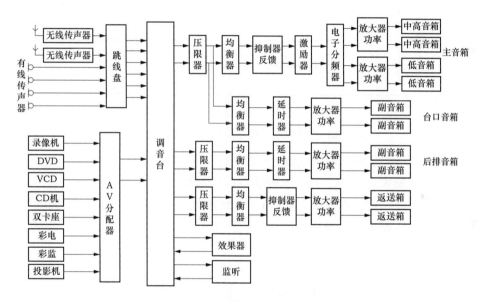

图3-32 音响系统的构成及工作原理

（一）音源系统

音响系统一般配备有好几种音源，比如有线传声器、无线传声器、磁带放音机、光盘播放机、DVD机、VCD机、MD机等。话筒是将声音转换成电信号的一种电声换能器件，是音响系统中种类最多的一个单元。

（二）调音台

调音台在扩声系统和影音录音中是一种经常使用的设备，它功能强大，有较多的输入通道，可以同时输入多路信号，能分别对输入到各输入通道信号进行放大、加工处理及分配等；有比较多的输出通道，可多路输入，每路的声信号可以单独进行处理。调音台在诸多系统中起着核心作用，它既能创作立体声、美化声音，又可抑制噪声、控制音量，是声音艺术处理必不可少的一种机器。

（三）周边设备

周边设备包括均衡器、分频器、功放、压缩器、限幅器、噪声门、扩展器、效果器、延迟器、反馈抑制器、声音激励器、移频器等。

二、启动及稳态运行

以CROWN音响系统为例，启动全过程电流波形如图3-33所示，经历两个阶段，从启动至声音开始播放总用时18s。

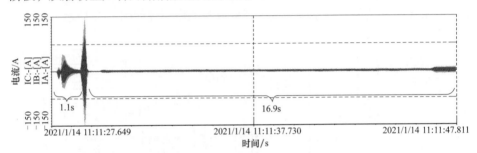

图3-33　CROWN音响系统启动全过程电流波形

第一阶段出现两次冲击电流，用时1.1s，第二次冲击明显大于第一次，电流瞬时峰值最大为154A，第二次冲击电流波形如图3-34所示。期间三相电压出现不同程度跌落，幅度最大为14V（从221V跌落至207V）。第二次冲击期间电压有效值趋势如图3-35所示。

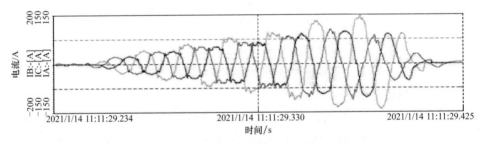

图3-34　第二次冲击电流波形

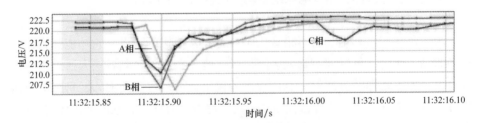

图3-35　第二次冲击期间电压有效值趋势

第二个阶段无冲击，电流几乎消失800ms后，过渡到1.5A运行16s，由此开始进入正常运行，三相电流有效值分别为4.3、4.2、3.2A。第二阶段电流波形如图3-36所示。

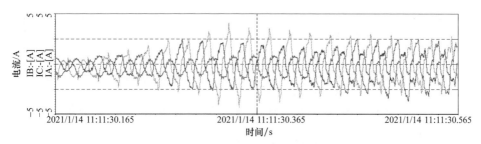

图3-36　第二阶段电流波形

音响系统稳定运行时电压电流实时波形如图3-37所示，其中电流波形由于谐波影响出现畸变，其谐波特性将在下一节详述。

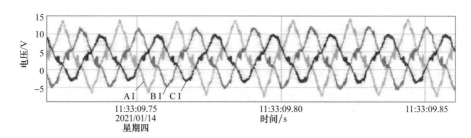

图3-37　音响系统稳定运行时电压电流实时波形

运行期间，随着不同类型歌曲的播放和声音大小的不同，电流会实时变化，三相有效值在4.1～8.5A之间波动，电压无明显波动。稳定运行期间电压电流有效值趋势如图3-38所示，电流最大最小值见表3-20。

表3-20　　　　　　　　　稳定运行期间电流最大、最小值　　　　　　　　（A）

参数	最小电流值	最大电流值
A 相有效值	5.43	7.61
B 相有效值	4.90	8.53
C 相有效值	4.11	7.15

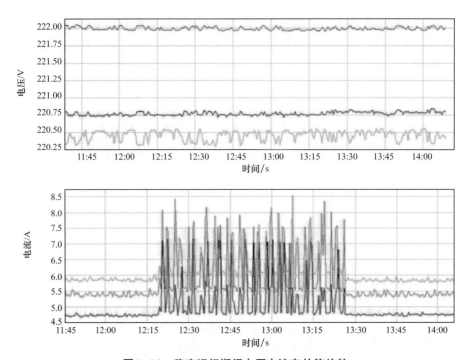

图3-38　稳定运行期间电压电流有效值趋势

负荷停止运行过程的电流波形如图3-39所示，其中B相电流出现毛刺，瞬时值最大为18A。

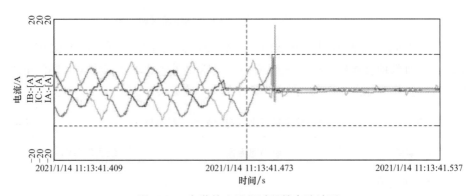

图3-39　负荷停止运行过程的电流波形

三、电压暂降耐受特性

（一）电压暂降耐受特性曲线

试验选择某会议室音响系统和某移动音响为例（以下若无说明，均为该试验样品的测试结果），其基本参数见表3-21。其中移动音响主要由音源系统、调音台、音箱和电源组成，通过蓝牙连接将手机的音源输送给调音台，调音台可以同时对多路输入、输出信号分别进行放大、加工处理及分配等；会议室系统主要由音源系统（麦克风）、调音台、功率放大器、音箱和电源组成。

表3-21 音响系统的基本参数

名称	额定电压 / V	额定功率 / W	型号
会议室音响	220	400	UHF/SHIDUN C-330
移动音响	220	50～200	8622-12 功放主板

1.电压暂降对会议室音响系统的影响分析

观察电压暂降对该会议室音响系统的影响，主要体现在3个方面：①音箱输出的声音有噪声；②功放设备的软开关动作，第一次动作声音停止，第二次动作声音恢复；③调音台设备重启。分别对这3个主要现象进行电压暂降耐受特性试验，试验结果见表3-22。

表3-22 会议室音响系统的电压暂降耐受特性试验数据

噪声	持续时间 / ms	2000	1000	500	350	200	100	93	88	86	86	
	残余电压 / V	169	169	169	169	168	167	167	164	18	0	
功放设备软开关动作	持续时间 / ms	2000	1000	500	350	200	175	165	155	153	152	150	148
	残余电压 / V	141	141	141	141	141	140	138	138	69	68	64	0
调音台设备重启	持续时间 / ms	2000	1000	500	350	300	285	275	200	200		
	残余电压 / V	28	27	26	23	22	21	20	7	0		

由表3-22可知，当电压暂降到76%左右时，音箱输出的声音有噪声产生；当电压暂降到64%左右时，功放设备的软开关动作；当电压暂降到11%时，调音台设备重启。试验时的观测到的现象如下：①声音有噪声，但不中断；②功放软开关动作，声音中断，待软开关恢复后，声音恢复；③功放软开关动作，调音台设备关机，声音中断，随着暂降电压的恢复，首先是调音台设备开机，其次是软开关恢复，随即声音恢复。可见，声音的输出主要是由软开关控制。会议室音响系统的电压暂降耐受特性曲线如图3-40所示。

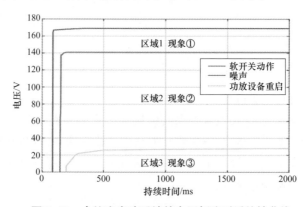

图3-40　会议室音响系统的电压暂降耐受特性曲线

3种现象的电压暂降耐受曲线都近似呈矩形，调音台系统的电压暂降耐受性最好。若电压暂降发生在区域1，将会出现上述现象①；若电压暂降发生在区域2，将会出现现象②；若电压暂降发生在区域3，即出现现象③。

噪声现象的持续时间临界值为86ms，电压临界值在75% ～ 77%之间波动；软开关动作现象的持续时间临界值为148ms，电压临界值在63% ～ 64%之间波动；调音台设备重启现象的持续时间临界值为200ms，电压临界值在9% ～ 13%之间波动。

2. 电压暂降对移动音响的影响分析

观察电压暂降对移动音响的影响，主要体现在两个方面：①声音略有停顿，但音响系统不重启；②声音停止，音响系统重启，重启后歌声即恢复。不同暂降电压和持续时间的试验数据见表3-23（不考虑电池影响）。

表3-23　　　　　　　　　　不同暂降电压和持续时间的试验数据

停顿	持续时间 /ms	2000	1000	500	350	200	115
	残余电压 /V	85	85.5	84.5	85	84	0

续表

重启	持续时间 /ms	2000	1000	500	350	250	
	残余电压 /V	71	76	73.5	69	0	

在相同持续时间下，系统重启的耐受电压比声音发生停顿的耐受电压更低。当电压短时中断持续时间低于250ms时，系统将不会出现重启现象，这时的电压暂降只会引起声音发生停顿。当电压短时中断持续时间低于115ms时，几乎对音响系统的正常运行无影响。

停顿现象与重启现象的电压暂降耐受特性曲线如图3-41所示。

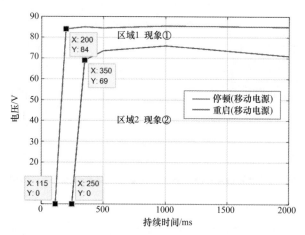

图3-41　停顿现象与重启现象的电压暂降耐受特性曲线

产生停顿现象的电压暂降耐受曲线近似呈矩形，持续时间临界值为115ms，电压临界值在84 ～ 85.5V之间波动；与停顿现象相比，产生重启现象的电压暂降耐受曲线有明显的波动，持续时间临界值为250ms，电压临界值在69 ～ 76V之间波动。说明严重的电压暂降造成的系统重启现象包含了声音停顿现象，若电压暂降发生在区域1，将会出现上述的现象①，声音只停顿，音响系统不重启；若电压暂降发生在区域2，将会出现现象②，声音中断，音响系统重启。

值得一提的是，由于移动音响系统本身带有电池，交流电源可直接给音响系统供电，也可给电池充电，上述实验是在由交流电源单独供电情况下开展的。若考虑电池影响，当没有电源输入时，可由电池给音响系统供电，此时系统不受电压暂降影响。

对比移动音响与会议室音响系统，当电压暂降到9%～13%时，会议室音响系统才会发生重启现象；而当电压暂降到31%～35%时，移动音响系统就会发生重启现象。且会议室音响系统的重启是自恢复的，当暂降结束，系统就自动重启了，而移动音响需等暂降结束后，手动重新启动。这说明会议室音响系统更稳定，且其耐受性能更好。

（二）电压暂降影响后的二次启动特性

移动音响系统受到电压暂降，使得二次侧直流电压低于5V，则会发生重启现象；当在一定的持续时间下，移动音响系统受到电压暂降，使得二次侧直流电压稍高于5V，则会出现声音的停顿现象。试验测得的波形如图3-42和图3-43所示。

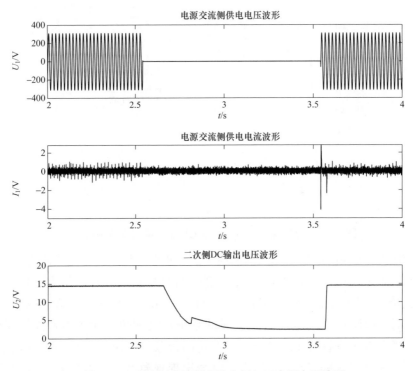

图3-42　重启时交流侧电流电压与二次侧电压波形

二次侧直流电压为移动音响调音主板的输入电压，在发生暂降后二次侧直流电压经过约0.2s延时后电压开始降低，电压降低到低于5V时，系统会出现重启现象，重启时刻电流出现较大冲击。据现场运维人员反馈，电压中断后应首先手动关闭音响系统，否则在开机状态下重新送电有烧坏设备的风险。

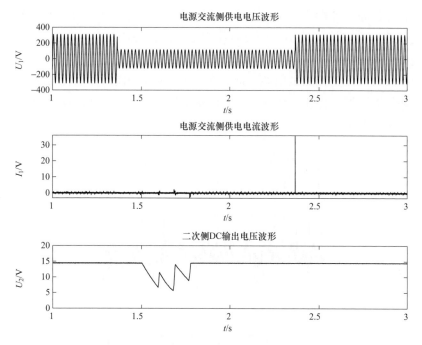

图3-43　声音停顿时交流侧电流电压与二次侧电压波形

四、谐波发射特性

（一）单一设备谐波特性分析

下面分别对会议室音响系统的调音台设备、功率放大器设备进行分析。调音台设备接测试电源，功率放大器设备直接采用市电供电，分析调音台设备的谐波发射特性，谐波电流幅频如图3-44所示。

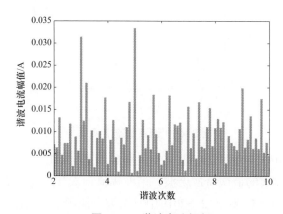

图3-44　谐波电流幅频

调音台设备电流畸变明显，$THD_i = 326.1861\%$，各奇次谐波都具有较高含量，但谐波电流安培值较小。谐波电流安培值满足 IEC 61000-3-2—2019 中对谐波电流限值的要求。

功率放大器设备接测试电源，调音台设备直接采用市电供电，观察功率放大器设备的谐波发射特性。功率放大器设备电流波形如图 3-45 所示，谐波电流幅频如图 3-46 所示。

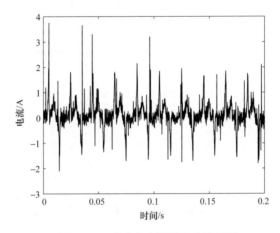

图 3-45   功率放大器设备电流波形

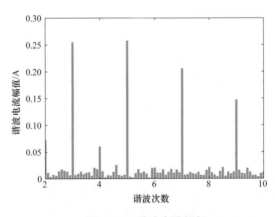

图 3-46   谐波电流幅频

可以看出，功率放大器设备电流发生明显畸变，$THD_i = 125.1365\%$，谐波主要集中在 1 ~ 17 次的低次奇次谐波，谐波幅值随次数的升高而降低。各谐波电流安培值满足 IEC 61000-3-2—2019 中对谐波电流限值的要求。

（二）不同设备谐波叠加特性分析

调音台设备与功率放大器设备均接测试电源，观察音响系统的总谐波电流发射特性。系统总电流波形如图3-47所示，谐波电流幅频如图3-48所示。

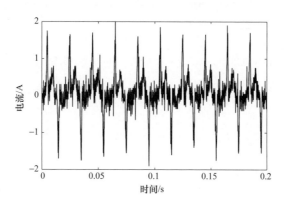

图3-47 系统总电流波形

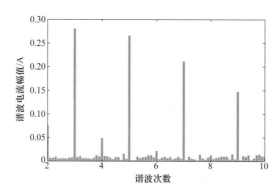

图3-48 谐波电流幅频

可以看出，总电流发生明显畸变，$THD_i = 116.1282\%$，谐波主要集中在3～17次的低次奇次谐波，谐波幅值随谐波次数的升高而降低。功率放大器设备谐波电流大于调音台设备的谐波电流，所以音响系统总谐波电流发射特性主要由功率放大器设备决定。

将两个设备各自谐波电流有效值对应次数进行代数相加得到的系统总谐波电流有效值的理论计算值与实际测量值进行对比分析。各次谐波有效值与测量值和计算值的相对误差见表3-24。

表3-24   各次谐波有效值与测量值和计算值的相对误差

谐波次数 / 次	1	3	5	7	9	11	13	15	17
调音台设备谐波电流有效值 /A	0.023421	0.022233	0.02362	0.011119	0.014063	0.018917	0.002496	0.00927	0.00434
功率放大器设备谐波电流有效值 /A	0.281574	0.180413	0.182344	0.145612	0.10409	0.081593	0.054997	0.035408	0.030436
调音台 + 功率放大器系统谐波电流叠加有效值（计算值）/A	0.304995	0.202647	0.205964	0.156731	0.118153	0.100511	0.057494	0.044678	0.034775
调音台 + 功率放大器系统谐波电流有效值（测量值）/A	0.306344	0.198714	0.18817	0.149339	0.104426	0.080011	0.045125	0.030119	0.02091
相对误差（％）	0.44237	1.9406	8.6392	4.7165	11.618	20.395	21.514	32.586	39.871

谐波次数低于9次时，理论计算值与实际测量值之间误差较小，满足代数叠加。但随着谐波次数的增加，两者之间的误差逐渐增大，当次数高于9次时，相对误差已超过10%，此时谐波电流已不能进行代数叠加，调音台设备与功率放大器设备谐波电流基本不满足代数叠加。因此，由不同设备组成的系统的总谐波电流的计算要进行矢量的合成，不能进行简单的代数叠加得到。

五、保障措施

音响系统独立供电，且三相负荷接近均等，其控制系统需要使用UPS不间断电源供电，避免因突然断电可能造成的控制程序丢失。具体配置方法可参考照明类部分UPS配置的描述。

六、小结

综合现场及实验室对音响的测试结果，可以得到如下结论。

（1）负荷整体呈容性，功率因数为0.7～0.8，系统功率一般较小。

（2）启动过程受电源时序器控制，总用时18s，启动冲击电流可达运行电流20倍以上，但运行电流较小，不足10A。

（3）随着电压暂降程度加深，首先音响交流输出有噪声，但不中断，随后功放设备的软开关动作，声音中断，最后调音台设备关机；随着暂降电压的恢复，首先是调音台设备开机，其次是软开关恢复，随即声音恢复。

对于移动音响系统，声音停顿现象的短时间电压中断持续时间临界值为115ms，电压暂降临界值在84～85.5V之间波动；系统重启现象的短时间电压中断持续时间临界值为250ms，电压暂降临界值在69～76V之间波动。对于会议室音响系统，噪声现象的短时间电压中断持续时间临界值为86ms，电压暂降临界值在75%～77%之间波动；软开关动作现象的短时间电压中断持续时间临界值为148ms，电压暂降临界值在63%～64%之间波动；调音台设备重启现象的短时间电压中断持续时间临界值为200ms，电压暂降临界值在9%～13%之间波动。

（4）由于系统运行电流小，因此谐波电流较小，以3次为主。试验发现功率放大器设备谐波电流大于调音台设备的谐波电流，故音响系统总谐波电流发射特性主要由功率放大器设备决定。对调音台设备与功率放大器设备的谐波电流叠加效果进行分析，当谐波次数低于9次时，理论计算值与实际测量值之间误差较小，满足代数叠加，当次数高于9次时，相对误差已超过10%，基本不满足代数叠加。

（5）运维建议。开机时冲击电流倍数较大，可考虑观察上级开关的耐受能力和检查保护定值设置，后期在配置UPS或ATS时应考虑容量和开关值的选择。二次启动同样存在冲击电流，据现场反馈，电压中断后应首先手动关闭系统，否则在开机状态下重新送电有烧坏设备的风险。可采用配置UPS的方式保障可靠供电。

第四节 制冰类负荷特性分析及保障技术

第24届冬季奥林匹克运动会于2022年在北京举行，各比赛场馆涉及的大功率重要用电负荷之一便是制冰系统。按照冷媒的不同，制冰系统可分为低温乙二醇制冰、氨制冷、二氧化碳（CO_2）跨临界制冰等。各类制冷系统的结构组成大致相同，压缩机功率最大，其他用电设备包括冷却水泵、载冷剂泵、蒸发器泵及热回收泵等，功率较小，一般采用变频调节。系统一般由多个制冰机组并联，初次降温及冻底冰时负荷最大，冰面形成后的温度维持阶段负荷较小，只开部分机组即可，维持期间可能根据需要进行修冰和浇冰。由于系统体量较大，无法在实验室开展电压暂降耐受特性测试，本节中将以变频器的电压暂降特性代替。

一、工作原理

　　CO_2跨临界制冰为较先进的制冰技术，CO_2跨临界直接蒸发冰场系统如图3-49所示。膨胀阀出口CO_2气液混合物进入气液分离器后，液态CO_2被泵送至冰面下的管路中，吸收冰面的热量后蒸发，变成气液混合物回到分离器，其中的气态CO_2则进入压缩机，压缩机将气态CO_2压缩成高温高压气体最后回到膨胀阀，完成一个循环。制冰过程中，多台CO_2压缩机同时运作，冰板层里制冷管道内低温CO_2与冰板混凝土进行换热，混凝土温度逐步降到零下十几摄氏度，制冷团队不停在冰板上洒水作业，冻成每层几毫米的冰面，经过多次这样的工序，厚度几十毫米的冰面才冻结成功。

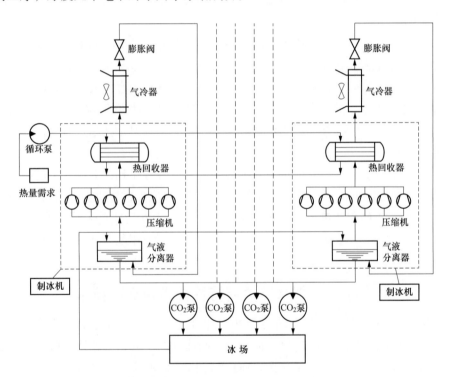

图3-49　CO_2跨临界直接蒸发冰场系统

　　氨制冷系统如图3-50所示，主要由制冷压缩机、蒸发冷凝器、集氨器、油泵等设备构成。乙二醇制冷系统如图3-51所示，由压缩机、蒸发器、冷凝器、循环泵等组成。可以看出各类制冷系统的结构组成大致相同。

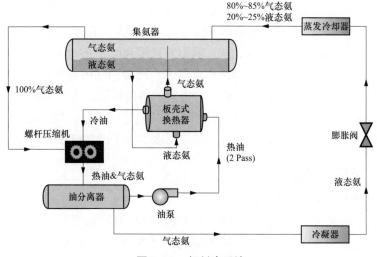

图 3-50　氨制冷系统

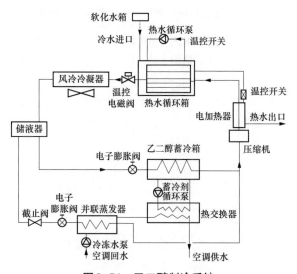

图 3-51　乙二醇制冷系统

　　整个系统中压缩机为核心部分，且功率最大，因此在现场选择压缩机组作为负荷测试对象，主要用电部分为电动机。其他用电设备包括各种泵，如冷却水泵、载冷剂泵、蒸发器泵及热回收泵等，功率较小，一般采用变频调节，主要用电部分也为电动机。受现场条件和实际系统接线限制，部分测点所带负荷为单一压缩机组，部分为压缩机组+泵+其他用电设备。

不同比赛对冰层厚度和冰面温度的要求也不同，如短道速滑冰面温度为-7 ～ -9℃，冰球、大道速滑和冰壶为-5 ～ -7℃，花样滑冰为-3 ～ -5℃。系统一般由多个制冰机组并联，初次降温及冻底冰时负荷最大，冰面形成后的温度维持阶段负荷较小，只开部分机组即可，维持期间可能会根据需要进行修冰和浇冰。如果运行设备发生故障，可以启动备用机组，不影响冰面质量。

除上述制冰系统外，在制冰期间还需要其他辅助设备，如浇冰车、除湿设备等，同时冰面会配置专用温控头及接口，以供电子设备对冰面进行监控。

二、启动及稳态运行

（一）启动过程及电压波动

由工作原理可知，制冰系统的启动特性应与电动机类似，主要关注冲击电流及由此带来的电压波动，各场馆制冰系统冲击电流及电压跌落统计见表3-25，监测期间均未出现异常。

表3-25　　　　　　　　　各场馆制冰系统冲击电流及电压跌落统计

品牌	监测期间最大冲击电流 （瞬时值）/A	母线电压最大跌落值 （有效值）/V
松下（400kW）	1461	10
奥地利艾斯特	1165	3
松下（600kW）	2344	10
海尔	1184	4
山东神州	1397	5

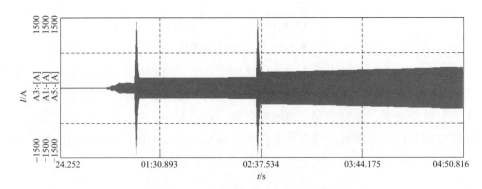

图3-52　制冰机组启动全过程电流波形

下面首先以松下制冰机组为例简述启动过程。该台制冰机组由1台乙二醇泵（55kW）和2台压缩机（共266.8kW）组成，以正常方式开启机组，启动全过程电流波形如图3-52所示，启动顺序为乙二醇泵→第一台压缩机→第二台压缩机，至稳定运行为止用时1min40s。

第一阶段为乙二醇泵启动，用时7.8s，电流由0缓慢增大至50A后平稳运行，其电流波形呈现出轻载下三相桥式整流电路交流侧电流波形的特征，推测该泵受变频器的控制实现流量调节。乙二醇泵启动后运行波形如图3-53所示。

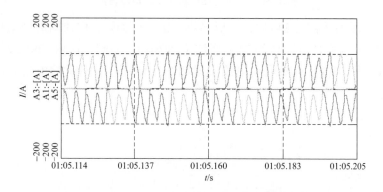

图3-53　乙二醇泵启动后运行波形

第二阶段为压缩机1启动，出现冲击电流，瞬时峰值最大达1410A，整个过程持续约14个周波（280ms），期间电压由229V最低跌落至219V，第一台压缩机启动过程电流波形如图3-54所示，启动后电流波形如图3-55所示。

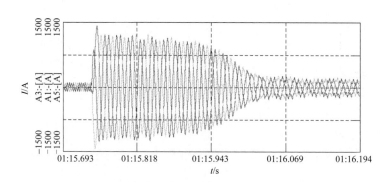

图3-54　第一台压缩机启动过程电流波形

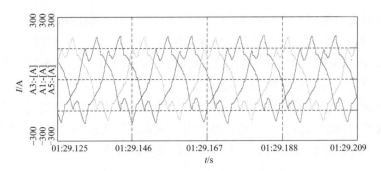

图3-55　第一台压缩机启动后电流波形

　　第三阶段为压缩机2启动，波形趋势与第一台相同，电流瞬时峰值最大达1461A，整个过程持续同样约14个周波（280ms），期间电压由228V最低跌落至218.8V，第二台压缩机启动电流波形如图3-56所示，启动后电流波形如图3-57所示。

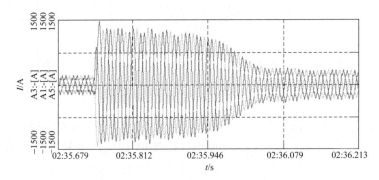

图3-56　第二台压缩机启动电流波形

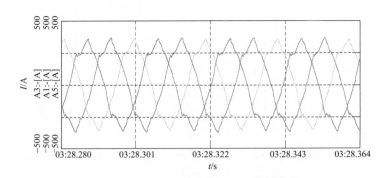

图3-57　第二台压缩机启动后电流波形

　　此启动过程结束，之后电流继续由207A缓慢增大至稳定运行时的320A。

　　从该制冰机组启动过程可以看出，压缩机启动时有较大冲击电流，同时由于电力电子器件的加入，5、7次谐波含量较大，使电流波形产生畸变（负载越小畸变越明显）。

电动机一个重要特性是启动过程会出现冲击电流，根据目前监测的数据，制冰机组启动过程电流最大瞬时峰值均在1000A以上，最大超过2000A，期间电压出现不同程度的跌落，但均未产生异常影响。从系统实际启动方式来说，由于压缩机组内单台压缩机功率大部分不超过100kW，均为依次启动，部分或全部带有软启动，因此对母线电压影响不大，如某场馆每台制冰机含6台压缩机，2台变频启动4台星三角启动；另一场馆每个压缩机组含12台压缩机，2台变频启动。

（二）稳态运行

当制冰系统由停机状态启动后，输送载冷剂的泵一般稳定运行（处于常开状态），而单台压缩机会根据需求多次启停，因此监测其运行电流有效值会呈现出如图3-58和图3-59所示的趋势。负荷整体呈感性，功率因数为0.75～0.88之间。不同品牌制冰系统监测期间稳态运行数据统计见表3-26。

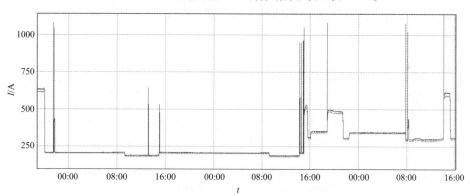

图3-58　A场馆制冰机监测期间电流有效值趋势图

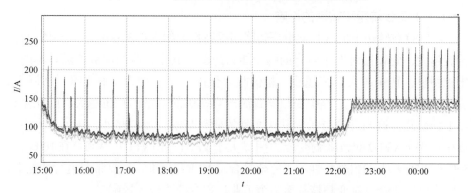

图3-59　B场馆制冰机监测期间电流有效值趋势图

表3-26　　　　　　　不同品牌制冰系统监测期间稳态运行数据统计

品牌	监测期间稳态运行功率因数	运行有功功率 /kW	运行无功功率 /kvar
松下（400kW）	0.88 左右	200 左右	103 左右
奥地利艾斯特	0.75～0.85	200 左右	141 左右
松下（600kW）	0.84 左右	111～390	75～225k
山东神州	0.88 左右	180 左右	62k 左右

三、电压暂降耐受特性

由于制冰系统体量较大，无法在实验室开展电压暂降耐受特性测试，本节中以变频器的电压暂降特性代替。

变频器广泛应用于电动机调速，带载运行情况下，电压暂降对变频器甚至整个工业过程会产生较大影响，谐波影响不大。这里选取了在国内的低压变频器应用市场中具有代表性的两种中资品牌的变频器，其主要参数如表3-27所示。

表3-27　　　　　　　　　　　所选变频器主要参数

变频器代号	额定输入参数	额定输出参数
VFD1	三相交流，380（-15%）～440V（+10%），47A，47～63Hz	三相交流，0～输入电压，38A，0～400Hz，18.5kW
VFD2	三相交流，380～480V，49.5A，50/60Hz	三相交流，0～480V，37A，0～500Hz，18.5kW

（一）负载转矩和转速的影响

不同负载转矩下的变频器电压暂降耐受特性曲线如图3-60所示。整体而言，转矩越大，变频器对电压暂降的耐受能力越弱。其中，时间临界值随转矩的变化较明显，转矩越大其值越小，幅值临界值随转矩的增大略有上升。实际上，负载转矩越大，暂降过程中变频器直流电容提供的能量消耗也越大，因此变频器也越敏感，这与理论分析和其他文献的研究基本一致。此外，还可看出不同负荷水平下VFD2的暂降耐受能力明显大于VFD1，但VFD1、VFD2在100%T_N、50%T_N、25%T_N下的耐受特性均不完全符合SEMI F47标准，可见带载运行情况下，若发生电压暂降，对变频器甚至整个工业过程会产生较大影响。

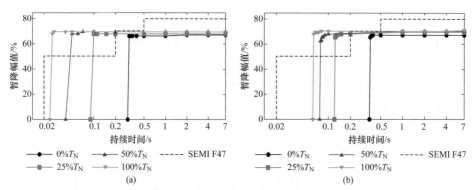

图3-60　不同负载转矩下的变频器电压暂降耐受特性曲线

（a）VFD1；（b）VFD2

不同电机转速下的变频器电压暂降耐受特性曲线如图3-61所示，其中10%n_N的测试条件是考虑了变频器的低转速特性，常应用在各种工业场合。理论上，电机转速越大，变频器的暂降耐受能力越弱。而从试验结果可见，转速对时间临界值的影响较大，对幅值临界值的影响较小；对于VFD1，与理论分析基本一致，只是75%n_N和50%n_N的耐受特性几乎完全重合，水平边沿随转速的变化波动不大；对于VFD2，75%n_N、50%n_N和10%n_N时耐受特性的变化规律与理论相符，然而100%n_N下的时间临界值反而小于75%n_N和50%n_N的时间临界值，即额定转速下变频器对短时中断的耐受能力较强。相关文献也提到转速越大，变频器的时间临界值不一定越小。这与变频器的控制性能有关，变频器在较低转速下的控制稳定性相比额定转速较差，此时变频器越容易受到短时中断的影响。此外，与SEMI曲线相比，可见在满载条件下无论转速高低，均不能完全符合SEMI F47标准，从另一个角度也说明满载情况下若发生电压暂降对变频器的影响较大。

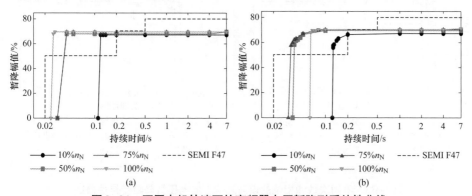

图3-61　不同电机转速下的变频器电压暂降耐受特性曲线

（a）VFD1；（b）VFD2

　　选取几组变频器常应用的转矩和转速工况进行测试，转速转矩综合影响下的电压暂降耐受特性曲线如图3-62所示。可见转矩和转速越小，负载功率也就越小，变频器的暂降耐受能力越大。需要注意的是VFD2在额定转速转矩下的时间临界值小于$50\%T_N/75\%n_N$下的时间临界值，即额定转速转矩下VFD2对短时中断的耐受能力更强。

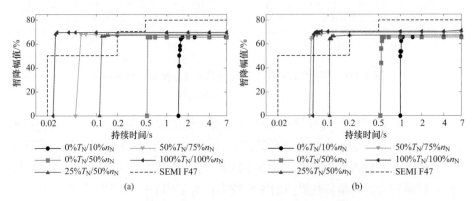

图3-62　转速转矩综合影响下的电压暂降耐受特性曲线

（a）VFD1；（b）VFD2

（二）波形畸变的影响

　　在理想电源的基础上分别加上相角为$0°$和$180°$的3、5、7次谐波，THD=20%，测试谐波畸变的供电电压对变频器暂降耐受能力的影响。不同次数和相位的谐波影响下的电压暂降耐受特性曲线如图3-63所示。

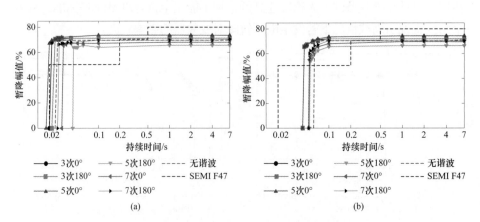

图3-63　不同次数和相位的谐波影响下的电压暂降耐受特性曲线

（a）VFD1；（b）VFD2

相角为0°和180°的3次谐波影响下的耐受曲线几乎完全重合，此时变频器的暂降耐受能力比正常时候的暂降耐受能力有微小减弱；相角为0°的5次谐波明显减弱变频器的暂降耐受能力，而相角为180°的5次谐波增大耐受能力；相角为0°的7次谐波极微小地增大变频器的暂降耐受能力，而相角为180°的7次谐波几乎无影响。总的来说，相角为0°和180°的5次谐波分别明显减弱和增大变频器的暂降耐受能力，其他次数的谐波影响较小。

《电能质量公用电网谐波》（GB/T 14549—1993）规定380V标称电压下的公用电网电压谐波THD值不超过5%，变频器测试相关标准推荐谐波测试THD值为10%或8%，因此选取THD值分别为5%和10%，根据次数越大的谐波含量越少的原则，将比例为10∶7∶3，相角为0°的3、5、7次谐波叠加在理想电源上，研究其对变频器暂降耐受特性的综合影响，多种次数谐波综合影响下的电压暂降耐受特性曲线如图3-64所示。

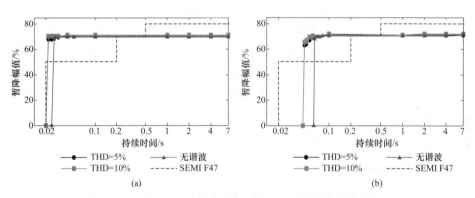

图3-64　多种次数谐波综合影响下的电压暂降耐受特性曲线

（a）VFD1；（b）VFD2

THD=5%和THD=10%的谐波对变频器耐受曲线的幅值临界值影响较小，其值只有微小的增大，时间临界值也有一定程度的减小。可见在相角为0°的3、5、7次谐波的综合作用下，变频器的暂降耐受能力会有微小的减弱，实际在电网中，谐波的影响并不是很大。

（三）不同品牌变频器暂降耐受能力对比

额定默认状态下不同品牌变频器电压暂降耐受特性曲线如图3-65所示。

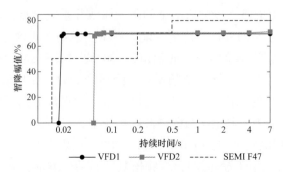

图3-65   额定默认状态下不同品牌变频器电压暂降耐受特性曲线对比

在满载状态下，VFD1的临界故障点为70%U_N，0.02s，VFD2的临界故障点为70%U_N，0.08s。结合前文中的耐受特性曲线可知，即使同为国内品牌、相同功率的变频器，其时间临界值的差异也很大，若要确定变频器耐受曲线的上下限、得出其不确定区域，需要对多种品牌进行测试。

对制冰系统来说，部分冰上比赛（如冰壶）对冰面光滑度和角度的精准度要求非常高，但其工艺主要依赖于制冰师的专业水平，综合制冰厂家的经验，电压短时中断和电压暂降对冰面质量影响几乎可以忽略。其中二氧化碳（CO_2）制冰系统的厂家提到如果压缩机长期停电无法工作，不能及时液化二氧化碳气体，会使泵内气体压力增大，从而导致一定的风险，但气体压力增大需要一定的时间，推断电压短时中断影响不大。

四、谐波发射特性

在对称的三相感应电机中，三相对称绕组中3次及3的倍数次谐波的合成磁动势为0，更高次谐波电动势的幅值很小，对波形影响可以忽略，因此主要集中在5、7次谐波。变频器就三相对称电路而言，一般没有偶次谐波，3的整数倍的谐波也被互相抵消，通常只包含$6k \pm 1$次谐波，$k=1$时，就是5、7次谐波。

因此，制冰机组运行电流中普遍表现为5、7次谐波含量较大（与其他次相比），5、7次相比基本上是5次更大。随着所占基波比例不同，对电流波形畸变的影响也不同，从图3-66所示的A场馆制冰机运行期间电流波形中可以看到，谐波畸变率小于3%时影响较小，从图3-67所示的C场馆制冰机运行期间电流波形中可以看到，谐波畸变率大于10%时影响较大。部分5、7次谐波会超过国标允许值（根据负载额定功率计算的所在支路上的允许值，若超过该值只反映负载特性，并不代表一定需要治理），不同品牌制冰系统监测期间谐波电流含量统计与谐波电压畸变率统计分别见表3-28与表3-29。

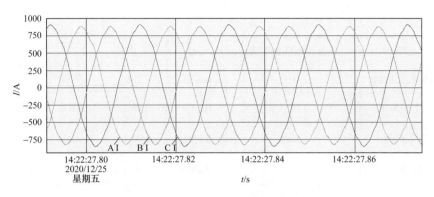

图3-66　A场馆制冰机运行期间电流波形

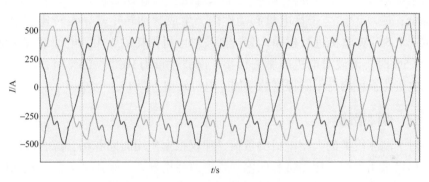

图3-67　C场馆制冰机运行期间电流波形

表3-28　　　　　　　　　不同品牌制冰系统监测期间谐波电流含量统计　　　　　　　　　（A）

品牌	基波	3次	5次	7次	9次
松下（400kW）	340	4.10	28.29	19.57	1.13
奥地利艾斯特	384	5.17	33.18	14.40	0.63
松下（600kW）	614	1.97	7.04	7.29	0.73
山东神州	273	6.72	72.09	57.5	5.71

表3-29　　　　　　　　不同品牌制冰系统监测期间谐波电压畸变率统计

品牌	总谐波电压畸变率	3次	5次	7次	9次
松下（400kW）	3.75%	0.23%	2.13%	1.79%	0.29%

品牌	总谐波电压畸变率	3 次	5 次	7 次	9 次
奥地利艾斯特	2.63%	0.35%	1.19%	1.38%	0.26%
松下（600kW）	1.60%	0.24%	0.86%	0.82%	0.18%
山东神州	1.81%	0.25%	0.94%	0.99%	0.12%
海尔	3.84%	0.19%	1.87%	2.31%	0.46%

电流谐波对电机的主要影响是带来绕组损耗及铁心损耗，令感应电机效率降低；磁场谐波会干扰电机起动性能，生成脉动转矩，导致转速波动。有文献选取 5.5kW 电机进行建模，分析谐波对电机损耗的影响，电源谐波含量为 1%～5% 时，谐波对电机的影响很小，谐波含量为 10%～25% 时，定转子铜耗和电机总损耗均有不同程度的增加，电机效率下降 1%～2%。

五、保障措施

对于制冰机类的大型电机类负荷，建议根据使用时间和场合综合确定，原则上尽量采用专门变压器进行供电。市电故障情况下，采用柴油发动机辅助驱动。对于谐波含量较大的系统，可采取相应措施进行谐波治理，具体方法参考显示屏类部分的描述。

为了提高敏感负荷的电压暂降耐受特性，可考虑在不影响负荷正常工作及其他相关因素的情况下，一定的范围内降低敏感负荷低电压保护阈值，从而使其能够承受暂降深度更深的电压暂降。对于电机类负荷所用的变频器，可以在适当范围内提高过电流保护阈值，以增大其暂降耐受能力。

六、小结

根据现场对制冰系统的监测和实验室对变频器的测试结果，可以得到如下结论。

（1）压缩机是制冰系统的核心部分和最主要的用电设备，整体呈感性，功率因数为 0.75～0.88。

（2）所测压缩机组均为依次启动，全部或部分为变频启动或星—三角（$\gamma-\Delta$）启动，启动过程电流最大瞬时峰值均在 1000A 以上，最大超过 2000A，期间电压跌落 3～10V。

（3）受电机本身和变频器的特性影响，电流普遍表现为5、7次谐波含量较大（尤其5次），只开启泵、未开启压缩机时电流波形畸变明显，谐波值较大。

（4）在电机满载状态下，变频器的临界故障点为70%U_N左右，但不同品牌其时间临界值的差异较大。

（5）运维建议。部分制冰系统谐波含量较大，可重点关注治理；在启动过程中存在电流冲击，应注意冲击电流不超过开关保护动作限制。

第四章　应急电源技术

应急电源技术在大型活动供电保障及抢险救灾应急供电中发挥着重要作用。当市电供电出现波动、瞬断、间断以及线路维修等各种问题时，应急电源可保障重要设施、用户的不间断供电。本章首先介绍电池储能式及飞轮储能式两类不间断电源UPS的基本原理及功能。然后介绍在应急供电保障中使用的UPS电源车、柴油发电车、氢燃料电池发电车等3类移动应急电源车。最后，结合国网北京市电力公司近年来的供电保障工作经验，介绍移动应急电源的典型配置技术。

第一节　不间断电源技术

不间断电源（Uninterruptible Power Supply，UPS）是一种含有储能装置，以电力电子变换器为主要组成部分，输出恒压恒频的电源设备。目前大型活动供电保障中常用的UPS的储能系统主要以电池储能和飞轮储能为主。

一、电池储能式UPS

（一）储能电池简介

在大型活动供电保障中，UPS涉及的储能电池主要包括铅酸蓄电池和锂电池两种。

1.铅酸蓄电池

铅酸蓄电池是一种电极主要由铅及其氧化物制成、电解液是硫酸溶液的蓄电池。铅酸电池放电状态下，正极主要成分为二氧化铅，负极主要成分为铅；充电状态下，正负极的主要成分均为硫酸铅。

2.锂电池

锂电池是一类由锂金属或锂合金为负极材料、使用非水电解质溶液的电池。

（二）储能电池的特点

1.铅酸蓄电池的特点

（1）原料易得，价格相对低廉。

（2）高倍率放电性能良好。

（3）适合于浮充电使用，无记忆效应。

（4）回收率高。

（5）安全性高。

2.锂电池的特点

锂电池具有下列优点：①比能量高；②循环性能好，使用寿命较长；③无记忆效应。但相比铅酸蓄电池，目前锂电池存在回收率较差，安全性较低的缺点。

（三）电池储能式UPS系统

大型活动供电保障用电池储能式UPS系统主要由整流器、逆变器、蓄电池组、静态旁路开关等部件组成，除此之外还有间接向负载提供市电（备用电源）的旁路装置。电池储能式UPS系统工作原理如图4-1所示。

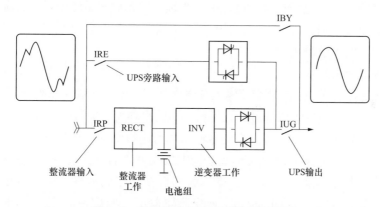

图4-1　电池储能式UPS系统工作原理

大型活动供电保障用电池储能式UPS系统组成结构如下。

1.整流器

整流器的作用是把交流市电转换为UPS内部直流，此直流除了要满足逆变器工作需要外，还担负着向电池组充电的任务。UPS整流器可分为工频整流器（可控或不可控）和高频整流器两类。

工频整流器是建立在普通整流二极管或晶闸管的基础上，一般为桥式整流，其特点是容量大、可靠性高、工作效率低、输入功率因数低、谐波电流大。高频整流器是建立在BOOST（升压）电路基础上，工作频率高，具有工作效率高，输入功率因数高，输入谐波电流小，体积小等优点，但可靠性较工频整流器低。

2.逆变器

逆变器是UPS中一个非常重要的部分。逆变器的功能是把UPS内部直流或者后备电池转换成稳定的交流（正弦波）输送给负载。逆变器的性能和可靠性在很大程度上直接影响UPS。目前在线式UPS逆变器主要分为工频机的全桥逆变器和高频机的半桥串联开关逆变器两类。

3.蓄电池组

蓄电池组连接在整流器（AC/DC）和逆变器（DC/AC）中间。蓄电池组是UPS中能量储备的重要环节。没有蓄电池组的UPS，无法解决断电、交流输入过低等问题，只能起到稳压器的作用。

当输入市电正常时，蓄电池处于充电状态。当输入市电断电或输入过低时，整流器输出直流将会消失或过低。这时，蓄电池组需立即输出直流，使逆变器的工作不受影响。在这个过程中，逆变器的输出既不会有任何中断，也不会受到影响。蓄电池组在这个过程中，必须立即释放充足的能量，否则逆变器输出势必出现中断或波形畸变，造成严重后果。所以，蓄电池组在UPS中是一个不容忽视的重要模块。

4.静态旁路开关

静态旁路开关在UPS的交流输入和输出之间，由一个双向晶闸管器件构成。该开关是UPS的重要组成部分，它可将UPS的平均无故障时间提高5～7倍。

UPS逆变器正常工作时，逆变器输出和旁路市电保持相位和频率一致，这是UPS由逆变至旁路运行模式转换过程中极其重要的条件。UPS逆变器输出与旁路市电的同步状态，决定了逆变—旁路转换过程的速度。逆变器正常工作时，旁路静态开关处于关闭状态，逆变器静态开关处于导通状态，负载由逆变器供电。

（四）UPS分类

UPS根据不同的性质可有不同的分类方式。

按输入输出相数分，可分为单进单出、三进单出和三进三出UPS。

按功率等级分，可分为微型（<3kVA）、小型（3～10kVA）、中型（10～100kVA）和大型（>100kVA）。

按电路结构形式分，可分为后备式、在线互动式、三端口式（单变换式）、在线式等。

按输出波形的不同分，可分为方波和正弦波两种。

（五）在线式UPS基本工作方式

在线式UPS的基本工作方式有串联和并联两种，如图4-2所示。

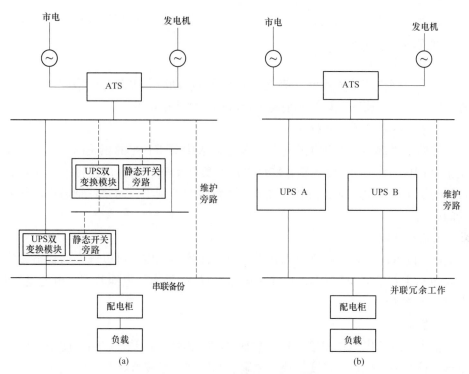

图4-2　在线式UPS基本工作方式

（a）串联冗余；（b）并联冗余$N+1$

　　其中，图4-2（a）所示为串联冗余UPS配置模式，即多台UPS级联的运行模式，第一台UPS的输出作为第二台UPS静态旁路支路的输入（注意不是作为UPS双变换模块的输入）。串联冗余UPS配置模式主要适用于对重要用户进行分级供电的场合，即对不同等级的重要用户提供不同等级的供电质量。串联冗余UPS配置模式下的UPS模块可来源于不同容量、不同厂家、不同型号的UPS。

　　图4-2（b）所示为并联冗余UPS配置模式，是指多台UPS进行并联实现冗余备用，主要适用于对重要用户进行高可靠扩容改造的场合，可根据用户需求，灵活配置并联UPS数量，提高重要用户供电保障的可靠性与灵活性。并联冗余UPS配置模式下的UPS模块应尽量来源于同厂家、同型号、同容量的UPS。

　　（六）UPS日常巡检

　　对于运行中的UPS，需要进行日常巡检，巡检的主要内容如下。

　　1.告警监视与处理

　　值机人员在UPS设备安装现场观察UPS的控制面板上是否存在告警信息，防止监控告警没有及时上传到动力监控系统而造成事故隐患。一旦发现告警，立即根据告警的内容做出相应的处理，并在值班日记上详细记录故障事件和相应的处理措施、处理结果。

2. 交流停电倒换

如果出现交流输入停电，值机人员需及时启动应急电源并严格按照操作规程，将UPS的交流输入切换到应急电源或第二路市电电源上。

3. 运行参数记录与分析

按照上级部门下发的机房电源巡检记录表中关于UPS的相关内容要求，按实记录UPS的输入/输出电压、输出电流、负载比率等内容，并将本次记录的数据与历史数据进行对比分析，如果出现负载突变现象，需要仔细追查负载突变的原因。

4. 运行状况检查

UPS设备运行状态查询可以在操作显示面板上完成，可以查询的状态参数主要包括主路输入电压/电流、输出电压/电流、频率、电池状态、电池电压/电流、告警历史记录等。

5. 整体检查

检查UPS的出风口温度，检查UPS室的空调是否正常、室内温度是否满足要求。检查整流模块、逆变模块、风扇、变压器、滤波器等有无异常声音。

（七）UPS主要特性参数

1. 输入特性

（1）输入电压范围。输入电压范围指保证UPS不转入电池逆变供电的市电电压范围。在此电压范围内，逆变器（负载）电流由市电提供，而不是电池提供。输入电压范围越宽，UPS电池放电的可能性减小，这有益于电池使用寿命的延长。目前UPS输入电压范围一般为额定电压的−15%～+10%。

（2）输入频率范围。输入频率范围指UPS能自动跟踪市电，保持输出电压与输入电压同步的频率范围。UPS的输入频率范围一般为（50±5%）Hz。

（3）输入功率因数。输入功率因数高低是衡量是否对电网存在污染的一个重要电性能指标。输入功率因数低时，不仅会吸取有功功率，还会吸收无功功率，其结果是增大了系统配电容量，影响系统供电质量。

（4）输入电流谐波。因为晶闸管等电力电子器件的关断和开通，UPS的输入电流中含有丰富的谐波成分，它形成输入的无功功率，是造成UPS输入功率因数低的一个重要因素。因此在电路设计时，有的UPS加入了PFC电路。

（5）频率跟踪速率。频率跟踪速率指UPS在1s内能够完成的输出频率变化范围。频率跟踪速度可以表征UPS对输入频率变化的适应能力，特别是在柴油发电机供电的时候，由于柴油发电机的频率稳定度不是很好，如果UPS的频率跟踪速率过低，UPS就会出现频率不同步告警，控制电路就会禁止UPS进行旁路切换。

2. 输出特性

（1）输出电压波形失真度。输出电压波形失真度指UPS输出波形中谐波分量所占的比率。常见的波形失真有削顶、毛刺、畸变等。失真度越小，对负载可能造成的干扰或破坏就越小。

（2）输出电压稳压精度。输出电压稳压精度指市电—逆变供电时，当输入电压在设计范围内，负载在满负荷（100%）内变化时，输出电压的变化量与额定值的百分比。输出电压稳定程度越高，UPS输出电压的波动范围越小，也就是电压精度越高。

（3）输出功率因数。输出功率因数指UPS输出端的功率因数，表示带非线性负载能力的强弱。负载功率因数低时，所吸收的无功功率就大，将增加UPS的损耗，影响可靠性。

（4）输出电流峰值因数。输出电流峰值因数指UPS输出所能达到的峰值电流与平均电流之比。一般峰值因数越高，UPS所能承受的负载冲击电流就越大。

（5）三相不平衡能力。三相不平衡能力对于三进三出的三相UPS来说，若出现三相电流不一致，就会造成输出电压的不平衡。具有100%负载不平衡能力的UPS，表示该UPS允许一相输出带满载，而其他两相空载。

（6）UPS输出效率。UPS输出效率指UPS的输出有功功率与输入有功功率之比。UPS的输出效率越高，表示内部损耗越小，反之则表示UPS本身功耗大，增大机房的空调负荷。此外输出效率低有可能使电池供电时间变短。

3. 保护特性

（1）输入保护特性。输入保护特性指交流输入过压/欠压保护、输入频率过高/过低保护等。当输入电压失真度过大，UPS会进入输入保护模式。对于三相输入的UPS，还有输入错相保护、缺相保护等。

（2）输出过压/欠压保护特性。输出过压/欠压保护特性指当UPS逆变单元出现故障时，UPS的输出电压超出允许的范围而产生的保护动作。

（3）输出过载/短路保护。输出过载/短路保护指当UPS输出回路中出现短路故障或长时间出现过载现象，为了保护UPS的自身安全，通过控制电路将UPS切换到旁路工作模式的保护动作。

（4）电池低压保护。电池容量的大小直接决定UPS在交流停电时能够保证不间断输出的时间长短，因此电池适时地发出电池低压告警可以使维护人员能够了解当前电池的剩余容量和后备保障时间，采取相应的应急措施。一旦电池电压达到保护值，为保护电池免于过放电造成的永久损伤，UPS会关闭输出。

（5）UPS的其他保护性能。UPS为了保证自身系统的安全工作，另有许多的故障监测点和相应的告警信息，如器件高温告警、风扇故障告警、熔丝熔断告警、整流模块故障告警、逆变模块故障告警等。

二、飞轮储能式UPS

（一）飞轮储能式UPS简介

飞轮储能式UPS是为大型活动提供紧急电源支撑的重要手段。飞轮储能式UPS是通过转子加减速，以动能的形式在应急保电中实现能量快速充放功能的储能形式，利用飞轮系统物理储能代替了传统蓄电池的化学储能方式。飞轮储能式UPS可提供市电供电瞬断或停电时启动发电机所需的过渡能源，该系统是一种完全集成的在线互动式系统。由飞轮储能UPS为核心的飞轮储能应急供电系统，使飞轮UPS、ATS（自动转换开关）和柴油发电机组有效结合，当市电出现故障时，控制柴油发电机组投入使用，当市电故障恢复时，柴油发电机组自动退出运行，为关键负载提供零毫秒级不间断电力保障。

（二）飞轮储能式UPS的特点

飞轮储能式UPS系统是将UPS、储能飞轮与大功率柴油发电机组系统结合，实现了大型活动不间断电力供应保障，其主要特点有零毫秒级、高续航力、高可靠性、可以适应复杂工作环境、高效率、超长使用寿命、维护简便、功能可扩展等。

（三）飞轮储能式UPS系统组成结构

大型活动供电保障用飞轮储能式UPS系统组成及工作原理如图4-3所示。

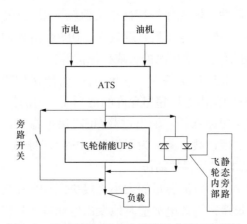

图4-3　飞轮储能式UPS系统组成及工作原理

1.飞轮储能UPS模块

飞轮储能UPS模块通过飞轮储能把电能以机械能方式储存在高速旋转的飞轮中，当需要释放能量时，飞轮转速降低，把储存在飞轮中的机械能转换为电能。这个过程为UPS的不间断供电提供了能量保障。目前市场上配套使用飞轮储能单元的UPS品牌主要有索克曼、施耐德、西门子等。

2.磁悬浮飞轮（Flywheel）模块

飞轮储能系统是由高速飞轮、磁悬浮轴承系统、永磁电动/发电机、能量转换控制系统以及附加设备（真空罩、辅助机械轴承等）组成。飞轮储能装置中的内置电机既是电动机也是发电机。在充电时，它作为电动机给飞轮加速，将电能转化成机械能储存起来；当放电时，用飞轮带动发电机发电给外设供电，此时飞轮的转速不断下降；而当飞轮空闲运转时，整个装置处于最小损耗运行模式。

3.快速切换开关（ATS）模块

快速切换开关（ATS）模块可自动控制市电和柴油发电机组的输入输出，通过操作控制工作程序与监控软件的配合，控制实现快速切换开关（ATS）断开或闭合，进而改变不同的输入输出控制模式。

4.柴油发电机组模块

柴油发电机组模块提供应急（备用）电源的稳定电力供应，自动启动，自动供电输出。

5.启动单元模块

启动单元模块在市电或在飞轮工作状态下，启动单元从飞轮获得能量，向柴油机提供启动电源（24V/1000A），以保证启动发电机所需的大电流放电，大大提高发电机的启动成功率。

6.监控软件模块

对市电、柴油发电机组模块、飞轮UPS、切换柜供电状况实时进行监控，并将工作状况的重要信息以短信方式发给相关人员，可通过拨号上网远程监视整个系统的运行状况。

（四）飞轮储能式UPS系统的运行模式

下面对飞轮储式UPS系统的几种典型运行模式进行介绍。

1.输入市电（飞轮储能）模式

输入市电（飞轮储能）模式为飞轮储式UPS系统安装接入市电并由市电正常供电阶段的运行模式。飞轮储式UPS接通市电，利用真空泵将飞轮抽成真空状态。将开关打到旁路位置，给飞轮加电加温，当飞轮温度达到正常值时，给飞轮加电启动工作。此时市电（三相交流电）经整流供给励磁线圈，同时整流后的直流又经过逆变器供给飞轮工作线圈产生旋转磁场使飞轮转子工作，直到飞轮储能完成。再将开关从旁路打到在线位置。

2. 市电切换（瞬间断电）模式

市电切换（瞬间断电）模式为市电供电因故瞬间断开后重合闸，飞轮储能释放阶段的运行模式。当市电输入出现中断时，由于飞轮是在线运行，此时高速旋转的飞轮立刻转入发电机工作输出，为用电负载提供电力供应，实现不间断供电。

3. 市电故障停电模式

市电故障停电模式为市电供电因故障出现较长时间停电，转由飞轮及油机发电阶段的运行模式。当市电出现故障停电时，负载先由飞轮供电，直到飞轮容量下降到设定值时，监控软件发出指令自动启动柴油发电机组，3～5s可立即转入柴油发电机组供电，在柴油发电机组供电的同时，飞轮又储存了能量，飞轮带负载的时间要根据负载的大小来决定。

4. 市电恢复正常模式

市电恢复正常模式为市电故障停电恢复阶段的运行模式。当备用柴油发电机组正常工作时，市电供电恢复正常，监控软件确定市电恢复正常后，自动切换到市电供电。柴油发电机组经过冷却后自动停机待命。

5. 市电受到干扰时对负载的保护模式

市电受到干扰时对负载的保护模式为飞轮储式 UPS 系统监测到电网异常时对自身及负载的保护模式。当监测到市电发生异常波动时，磁悬浮飞轮 UPS 将自动断开市电输入，立即转入飞轮供电，以避免电网电压过高或过低而影响自身及用电设备。

第二节　移动应急电源技术

移动应急电源即车载的能够为负荷提供临时电源供应的装备，也即移动应急电源车。目前常见的移动应急电源车主要包括柴油发电车与 UPS 电源车，实际保电中常将柴油发电车与 UPS 电源车配合使用。近年来，随着氢燃料电池技术的成熟应用以及供电保障中低碳环保要求的提高，基于氢燃料电池技术的供电保障发电车也应运而生。

一、柴油发电车

按照发电机组的类型不同，柴油发电车可分为柴油机式发电车与燃气轮机式发电车两类,这两类发电车的发电设备分别采用柴油发电机组和燃气轮发电机组。

(一)柴油发电机组应急电源车

柴油发电机组应急电源车主要由底盘车、柴油发电机组、静音厢体及厢内辅助设备等几大部分构成。柴油发电机组是一种机电一体化设备,它由柴油发动机、交流发电机和控制系统等部件组成,其技术涉及机械动力学、电学和自动化控制等多个领域。柴油发电机组以柴油为燃料,以柴油发动机为源动力,配以发电机,为用户提供应急电源。某型号的柴油发电机组如图4-4所示。

图4-4 柴油发电机组

柴油发电机组应急电源车具有技术成熟、机动灵活、启动迅速等多个优点,且适于大量配备。随着现代社会对电力能源的依赖性日益增强,柴油发电机组应急电源车在大型活动供电保障、城市电网应急、自然灾害应急处置以及电力紧缺地区临时用电等中小型用电场所发挥的作用亦日趋显著。

以国网北京市电力公司为例,目前供电保障中常用的柴油发电机组应急电源车主要参数见表4-1。

表4-1 柴油发电机组应急电源车主要参数

序号	应急电源车类型	标定功率/kW	整车尺寸(长×宽×高)/mm	整车质量/kg	持续供电时间(100%负载下)/h
1		400	9970×2490×3480	18000	5
2		500	11900×2510×3575	22000	6
3	柴油机式	572	9870×2500×3960	20400	6
4		800	11985×2496×3740	25000	10
5		1300	11900×2550×3900	31000	6

（二）燃气轮发电机组应急电源车

燃气轮发电机组应急电源车主要由底盘车、燃气轮发电机组、静音厢体及辅助车等几大部分构成。其中，燃气轮发电机组是一种机电一体化设备，它作为燃气轮发电机组应急电源车的核心部分，由燃气轮机、交流发电机和控制系统等部分组成，其技术涉及热力学、电学和自动化控制等多个领域。燃气轮发电机组以柴油为燃料，以燃气轮机为源动力，配以发电机，为用户输出应急电源。某型号的燃气轮机如图4-5所示。

图4-5　燃气轮机

燃气轮发电机组应急电源车除具有机动灵活、技术先进等优点外，与柴油发电机组应急电源车相比，还具有同比体积小、噪声低、功率大、电气参数稳定、排放环保等优点。主要应用于大容量重要电力用户、大型居民区、大型活动临时用电等场所的电力应急供电和日常供电保障任务。

以国网北京市电力公司为例，目前供电保障中常用的燃气轮发电机组应急电源车主要参数见表4-2。

表4-2　　　　　　　　　燃气轮发电机组应急电源车主要参数

序号	应急电源车类型	标定功率 /kW	整车尺寸（长 × 宽 × 高）/mm	整车质量 /kg	持续供电时间（100% 负载下）/h
1	燃气轮机式	1000	（主车）9850 × 2495 × 3490	24000	7
			（辅车）9850 × 2500 × 3350	18600	
2		1600	（主车）10850 × 2495 × 3490	25000	
			（辅车）10890 × 2495 × 3350	24500	

（三）接入方式及应用

柴油发电车输出电压等级有400V和10kV两种。目前国网北京市电力公司配备的柴油发电机组应急电源车输出均为400V，燃气轮发电机组应急电源车的输出为10kV。

400V柴油发电车的输出端一般连接在低压配电系统的母线上或者备用开关上；也可以连接于UPS电源车的输入端，作为UPS电源车的一路输入电源。

10kV柴油发电车的输出端可连接在架空线路上或者10kV开闭站的进线母排及备用间隔上，也可接在用户10kV配电系统环网柜上。

柴油发电车输出接口采用快速插拔式电缆快速连接器。

以"双路市电主供、发电车备用"保障模式为例，柴油发电车接入系统如图4-6所示。

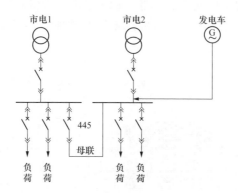

图4-6　柴油发电车接入系统

柴油发电车在应急抢险、大型活动供电保障中发挥着重要作用。图4-7所示为度冬保障应急抢险任务现场，图4-8所示为第二十九届北京奥运会发电车保障现场。

图4-7　度冬保障应急抢险任务现场

图4-8　第二十九届北京奥运会发电车保障现场

二、UPS电源车

UPS电源车是基于UPS不间断供电技术的车载电源系统,在大型活动供电保障及应急抢险救灾过程中提供临时电源支撑。UPS电源车不但具备固定式UPS不间断电源的优点,还具有机动行驶、灵活调配的功能,具备应急、移动能力强,可在野外露天工作等特点。

(一)UPS电源车结构及功能

根据所含储能装置的不同,UPS电源车可分为静态储能UPS电源车及动态储能UPS电源车。静态储能系统包括电池及超级电容,目前使用的储能电池主要包括胶体铅酸电池、钛酸锂电池、磷酸铁锂电池等;动态储能系统主要包括飞轮储能系统。

UPS电源车主要由底盘车、车厢、UPS主机、后备储能蓄电池组(或飞轮储能系统)、电池管理系统、通风散热系统及其他设备系统组成。某型号UPS电源车结构如图4-9所示。

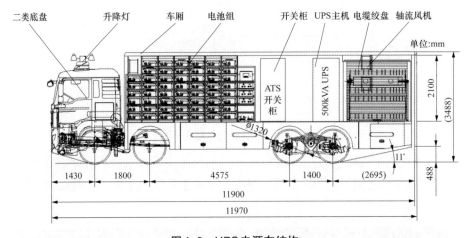

图4-9　UPS电源车结构

UPS电源车采用模块化设计,将UPS不间断电源系统、蓄电池组(或飞轮)和ATS系统集成一体,并以厢车为载体,机动灵活地为用户在短时间内提供可靠、优质的不间断电源,避免了市电中断或瞬变时对重要负载产生的不良影响。根据大型活动的特种供电需求,UPS电源车可根据具体供电保障场景进行针对性的设计与改进。图4-10所示为UPS电源车的功能示意。

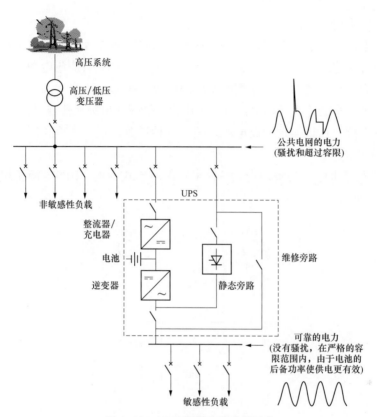

图4-10　UPS电源车的功能示意

以国网北京市电力公司为例，目前供电保障中常用的UPS电源车主要参数见表4-3。

表4-3　　　　　　　　　　　UPS电源车主要参数

序号	UPS电源车储能系统类型	标定功率/kVA	整车尺寸（长 × 宽 × 高）/mm	整车质量/kg	持续供电时间（100%负载下）
1	飞轮	272	10840 × 2495 × 3500	24870	15s
2		500	9870 × 2500 × 3960	20400	
3		1000	10870 × 2500 × 3960	25000	
4	电池（铅酸）	300	8560 × 2450 × 3750	15950	9min
5	电池（钛酸锂）	1000	11970 × 2540 × 3488	31000	20min
6	电池（磷酸铁锂）	1000	11970 × 2540 × 3488	31000	40min
7	超级电容	500	8450 × 2500 × 3380	10000	50s

（二）接入方式及应用

UPS电源车一般有两路输入一路输出。两路电源输入可以分别来自两路市电或者两个应急电源车，也可以一路来自市电、一路来自应急电源车；一路输出连接负载，一般连接于低压配电系统的母线上或备用开关上。

UPS电源车的输入及输出接口均采用快速插拔式电缆快速连接器。

UPS电源车可以实现两路电源之间的零秒过渡切换，为重要用户提供不间断的优质电源。

以"双路市电互为备用带UPS输出"保障模式为例，UPS电源车接入系统如图4-11所示。

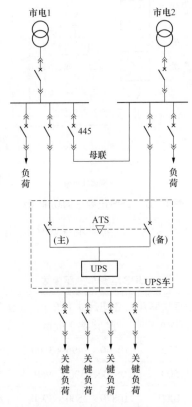

图4-11　UPS电源车接入系统

UPS电源车在保障重要（敏感）负荷不间断供电中发挥着重要作用。图4-12所示为中国APEC峰会开幕式飞轮储能UPS电源车保障现场，图4-13所示为北京世界园艺博览会开幕式UPS电源车保障现场。

图4-12　中国APEC峰会开幕式　　图4-13　北京世界园艺博览会开幕式
飞轮储能UPS电源车保障现场　　　　UPS电源车保障现场

三、氢燃料电池发电车

在国家大力倡导发展绿色能源以及现代化城市对环保要求越来越高的背景下，氢燃料电池发电车应运而生，它兼具不间断供电与应急发电功能，克服了传统燃油应急发电车空气污染严重、噪声大，及UPS电源车供电时间短等弊端。

（一）氢燃料电池技术简介

氢燃料电池是一种高效电化学能量转换器，把氢气（燃料）和氧气（来自空气）中的化学能直接转化成电能。其内部发生反应过程为：反应气体在扩散层内扩散，当反应气体到达催化层时，在催化层内被催化剂吸附并发生电催化反应；阳极反应生成的氢离子（即质子）通过质子交换膜传递到阴极侧，由于质子交换膜只能传导质子，因此电子只能通过外电路才能到达阴极。当电子通过外电路流向阴极时就产生了直流电。只要有燃料和空气不断输入，燃料电池就能源源不断地产生电能，因此，燃料电池兼具电池和油机的特点，但其反应过程为电化学反应而非燃烧。氢燃料电池的发电原理如图4-14所示。

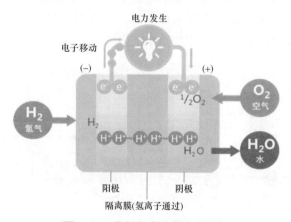

图4-14　氢燃料电池的发电原理

氢燃料电池具有燃料能量转化率高、噪声低、体积小以及无污染等优点，将其应用于应急供电保障发电车中具有显著优势。

（二）氢燃料电池发电车结构

1.系统结构

氢燃料电池发电车主要由氢燃料电池系统、DC/DC变换器、UPS系统、飞轮储能系统及电动底盘车等部分组成，系统结构如图4-15所示。

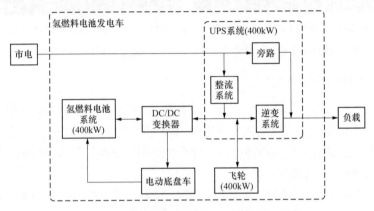

图4-15　氢燃料电池发电车系统结构示意图

2.整车结构

氢燃料电池发电车从结构上可分为上下两部分，下部为承载底盘车，上部为车厢。车体主体采用分段式结构设计，将厢体分为驾驶室、散热器系统室、设备室、氢气储放室四大功能区域。车厢外部下围分别安装加氢装置和低压柔性电缆的接入、输出装置。上部车厢结构根据设备排布、进出风风道、水路布局、气路布局、电路布局等几方面综合设计，使得各系统排布线程短且便于安装、维护。所有设备装设在车厢厢体内部，厢体与底盘车承重纵梁可靠连接。图4-16所示为氢燃料电池发电车的整车结构图。

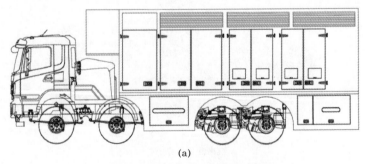

(a)

图4-16　氢燃料电池发电车的整车结构图（一）

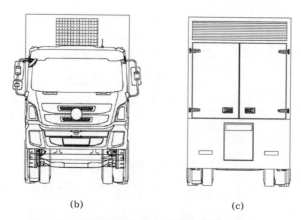

（b）   （c）

图4-16 氢燃料电池发电车的整车结构图（二）

（a）侧视图；（b）前视图；（c）后视图

（三）氢燃料电池发电车功能

氢燃料电池发电车兼具不间断供电与应急发电的功能，是一种新型复合应急供电保障车。氢燃料电池发电车具有优化市电、不间断供电、应急发电和不停电检修4种工况。

1. 优化市电

当市电受到干扰波形失真时，可通过氢燃料电池发电车的整流逆变系统将受到干扰的市电转化成可靠、稳定、纯净的优质电供给负载，同时为储能系统充电。优化市电工况如图4-17所示。

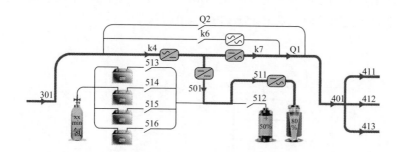

图4-17 优化市电工况

2. 不间断供电

当市电中断或电压暂降时，储能系统放电，保证负载正常运行，同时启动氢燃料电池发电系统。此时的不间断供电工况如图4-18所示。

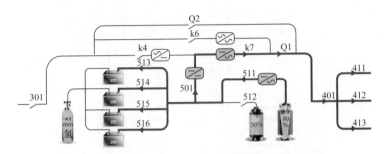

图4-18　不间断供电工况1

　　氢燃料电池发电系统启动后，接替储能系统为负载供电，实现用户不间断用电，并为储能系统充电。此时的不间断供电工况如图4-19所示。

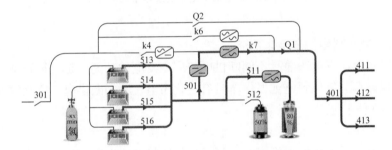

图4-19　不间断供电工况2

3.应急发电

　　无法依靠电网送电或作为冷备用的情况下，通过底盘车电池启动氢燃料电池发电系统。此时的应急发电工况如图4-20所示。

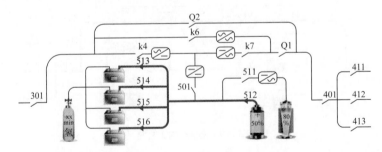

图4-20　应急发电工况1

　　氢燃料电池发电系统启动后，为负载供电，同时为储能系统和底盘车电池充电。这里给储能系统充电是因为储能系统运行可减少冲击性负荷对氢燃料电池的影响，延长氢燃料电池的寿命。此时的应急发电工况如图4-21所示。

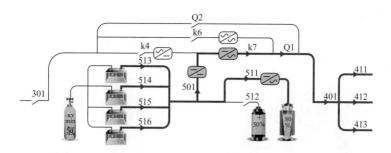

图4-21 应急发电工况2

4.不停电检修

当市电供电时，若发电车逆变器出现故障，系统可切至旁路供电，对发电车进行检修。不停电检修工况如图4-22所示。

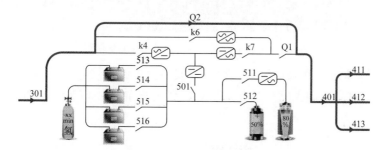

图4-22 不停电检修工况

国网北京市电力公司研制配备了额定输出功率为400kW的氢燃料电池发电车，包含同等功率的氢燃料电池发电系统、UPS系统、飞轮储能装置及纯电动底盘车等关键设备。

（四）接入方式及应用

氢燃料电池发电车的输入端口接400V三相电源（市电），输出端口连接于需要保障供电的负载。其市电输入接口及电力输出接口均采用如图4-23所示的低压快速插拔式电缆连接器。电缆快速连接器分为两个结构单元模块：插座端与插头端。插座端和插头端进行压接、旋合装配后，可保证可靠链接。

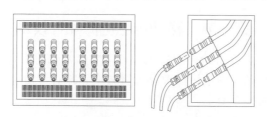

图4-23 低压快速插拔式电缆连接器

氢燃料电池发电车已在北京2022年冬奥会等大型活动中成功应用，为重要用户提供优质清洁供电，为实现"碳达峰、碳中和"目标发挥示范带动作用。如图4-24～图4-26所示。

图4-24   在高山滑雪安检口为安检设备保障供电

图4-24所示为在高山滑雪安检口为安检设备保障供电，图4-25所示为在冬奥村为测试赛专用大巴车充电，图4-26所示为在国家速滑馆为临时电力设备保障供电。

图4-25   在冬奥村为测试赛专用大巴   图4-26   在国家速滑馆为临时电力
　　　　　　车充电　　　　　　　　　　　　　　设备保障供电

第三节   移动应急电源配置技术

结合国网北京市电力公司历年来在各类大型活动供电保障中的工作经验，本节归纳总结了移动应急电源的典型配置方案，并对移动应急电源并列运行技术及应用进行了简要介绍。

一、移动应急电源典型配置方案

下面给出9种常用的移动应急电源配置方案及系统接线方式，并简要阐述各方案的优缺点及适用范围。

方案1：单发电车主供模式

1. 系统构成

单发电车主供模式的系统构成即，其接线方式如图4-27所示。

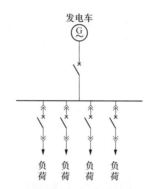

图4-27　单发电车主供模式接线方式

2. 优缺点

（1）优点。装备数量少，回路简单。

（2）缺点。供电可靠性低。

3. 适用范围

单发电车主供模式适用于不具备市电电源或市电电源故障情况下发生电源中断后不会造成人身伤亡、重大政治影响和经济损失的场所。

4. 配置说明及可靠性评价

单发电车主供模式配置说明及可靠性评价见表4-4。

表4-4　　　　　　　　　单发电车主供模式配置说明及可靠性评价

序号	环节	项目	说明	备注
1	电源	市电电源	无	
2		发电车	单路	
3		N–1	不满足	

续表

序号	环节	项目	说明	备注
4	UPS/SSTS 设备	UPS	无	
5		SSTS		
6	UPS/SSTS 输出端	备用供电回路		
7	负荷	发生电源故障后负荷受影响程度	供电中断	
8		发生 UPS/SSTS 输出故障后负荷受影响程度	—	
9		适用场景	非关键负荷	
10	供电系统	可靠性	低	

方案2：单路市电主供、发电车备用模式

1.系统构成

单路市电主供、发电车备用模式的系统构成即市电＋发电车，其接线方式如图4-28所示。

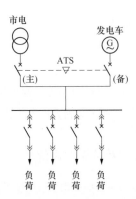

图4-28　单路市电主供、发电车备用模式接线方式

2.优缺点

（1）优点。装备数量少，回路简单。

（2）缺点。供电可靠性一般。

3.适用范围

单路市电主供、发电车备用模式适用于市电电源可靠性较差、负荷供电允许短时间断的临时供电场所。

4.配置说明及可靠性评价

单路市电主供、发电车备用模式配置说明及可靠性评价见表4-5。

表4-5　　　　　单路市电主供、发电车备用模式配置说明及可靠性评价

序号	环节	项目	说明	备注
1	电源	市电电源	单路市电	
2		发电车	单路	
3		N-1	满足	
4	UPS/SSTS 设备	UPS	无	
5		SSTS		
6	UPS/SSTS 输出端	备用供电回路		
7	负荷	发生电源故障后负荷受影响程度	短时间断	
8		发生 UPS/SSTS 输出故障后负荷受影响程度	—	
9		适用场景	非关键负荷	
10	供电系统	可靠性	一般	

方案3：双路市电主供、发电车备用模式

1.系统构成

双路市电主供、发电车备用模式的系统构成即双路市电＋发电车，其接线方式如图4-29所示。

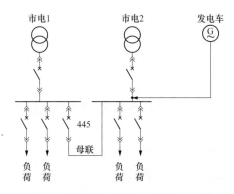

图4-29　双路市电主供、发电车备用模式接线方式

2.优缺点

（1）优点。装备数量少，回路简单。

（2）缺点。供电可靠性一般。

3.适用范围

双路市电主供、发电车备用模式适用于具备双路或多路市电电源、负荷供电允许短时间断的重要临时供电场所。

4.配置说明及可靠性评价

双路市电主供、发电车备用模式配置说明及可靠性评价见表4-6。

表4-6　　　　　双路市电主供、发电车备用模式配置说明及可靠性评价

序号	环节	项目	说明	备注
1	电源	市电电源	双路市电	
2		发电车	单路	
3		$N-1$	满足	
4	UPS/SSTS 设备	UPS	无	
5		SSTS		
6	UPS/SSTS 输出端	备用供电回路		
7	负荷	发生电源故障后负荷受影响程度	短时间断	
8		发生 UPS/SSTS 输出故障后负荷受影响程度	—	
9		适用场景	非关键负荷	
10	供电系统	可靠性	一般	

方案4：单路市电主供、发电车备用带UPS输出模式

1.系统构成

单路市电主供、发电车备用带UPS输出模式的系统构成即单路市电+发电车+UPS，其接线方式如图4-30所示。

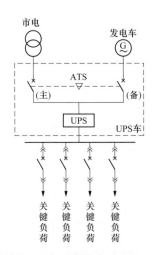

图4-30　单路市电主供、发电车备用带UPS输出模式接线方式

2.优缺点

（1）优点。供电可靠性较高。

（2）缺点。装备数量较多，回路较复杂。

3.适用范围

单路市电主供、发电车备用带UPS输出模式适用于市电电源可靠性较差、发生电源闪断后会造成重大政治影响和经济损失的临时供电场所。

4.配置说明及可靠性评价

单路市电主供、发电车备用带UPS输出模式配置说明及可靠性评价见表4-7。

表4-7　　单路市电主供、发电车备用带UPS输出模式配置说明及可靠性评价

序号	环节	项目	说明	备注
1	电源	市电电源	单路市电	
2		发电车	单路	
3		$N-1$	满足	
4	UPS/SSTS 设备	UPS	有	
5		SSTS	无	
6	UPS/SSTS 输出端	备用供电回路		

续表

序号	环节	项目	说明	备注
7	负荷	发生电源故障后负荷受影响程度	零闪动	
8		发生 UPS/SSTS 输出故障后负荷受影响程度	供电中断	
9		适用场景	关键负荷	
10	供电系统	可靠性	高	

方案 5：双路市电主供、发电车备用带 UPS 输出模式

1. 系统构成

双路市电主供、发电车备用带 UPS 输出模式的系统构成即双路市电 + 发电车 +UPS，其接线方式如图 4-31 所示。

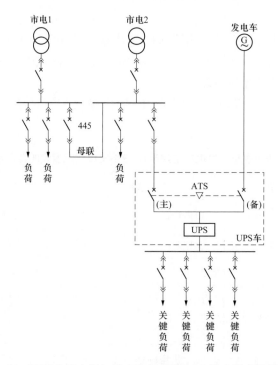

图 4-31 双路市电主供、发电车备用带 UPS 输出模式接线方式

2.优缺点

（1）优点。供电可靠性较高。

（2）缺点。装备数量多，回路较复杂。

3.适用范围

双路市电主供、发电车备用带UPS输出模式适用于具备双路市电电源，但发生电源闪断后会造成重大政治影响和经济损失的临时供电场所。

4.配置说明及可靠性评价

双路市电主供、发电车备用带UPS输出模式配置说明及可靠性评价见表4-8。

表4-8　　　双路市电主供、发电车备用带UPS输出模式配置说明及可靠性评价

序号	环节	项目	说明	备注
1	电源	市电电源	双路市电	
2		发电车	单路	
3		$N-1$	满足	
4	UPS/SSTS 设备	UPS	有	
5		SSTS	无	
6	UPS/SSTS 输出端	备用供电回路		
7	负荷	发生电源故障后负荷受影响程度	零闪动	
8		发生 UPS/SSTS 输出故障后负荷受影响程度	供电中断	
9		适用场景	关键负荷	
10	供电系统	可靠性	高	

方案6：双路市电互为备用带SSTS输出模式

1.系统构成

双路市电互为备用带SSTS输出模式的系统构成即双路市电+SSTS，其接线方式如图4-32所示。

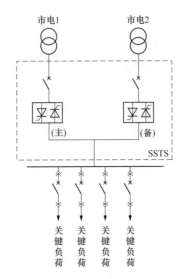

图4-32　双路市电互为备用带SSTS输出模式接线方式

2.优缺点

（1）优点。装备数量少，供电可靠性较高。

（2）缺点。回路复杂。

3.适用范围

双路市电互为备用带SSTS输出模式适用于具备双路市电电源、发生电源闪断后会造成重大政治影响和经济损失的临时供电场所。

4.配置说明及可靠性评价

双路市电互为备用带SSTS输出模式配置说明及可靠性评价见表4-9。

表4-9　　　　双路市电互为备用带SSTS输出模式配置说明及可靠性评价

序号	环节	项目	说明	备注
1	电源	市电电源	双路市电	
2		发电车	无	
3		$N-1$	满足	
4	UPS/SSTS 设备	UPS	无	
5		SSTS	有	
6	UPS/SSTS 输出端	备用供电回路	无	

续表

序号	环节	项目	说明	备注
7	负荷	发生电源故障后负荷受影响程度	零闪动	
8		发生 UPS/SSTS 输出故障后负荷受影响程度	供电中断	
9		适用场景	关键负荷	
10	供电系统	可靠性	高	

方案7：双路发电车带UPS输出、发电车带ATS备用模式

1. 系统构成

双路发电车带UPS输出、发电车带ATS备用模式的系统构成即双路发电车+UPS+负荷前端ATS，其接线方式如图4-33所示。

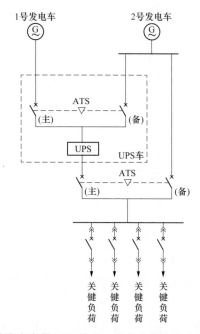

图4-33 双路发电车带UPS输出、发电车带ATS备用模式接线方式

2. 优缺点

（1）优点。可防止UPS输入、输出端发生单点故障，供电可靠性极高。

（2）缺点。装备数量多，回路复杂。

3. 适用范围

双路发电车带UPS输出、发电车带ATS备用模式适用于不具备市电电源、发生电源闪断后会造成极大政治影响和经济损失的临时供电场所。

4. 配置说明及可靠性评价

双路发电车带UPS输出、发电车带ATS备用模式配置说明及可靠性评价见表4-10。

表4-10　　　双路发电车带UPS输出、发电车带ATS备用模式配置说明及可靠性评价

序号	环节	项目	说明	备注
1	电源	市电电源	无	
2		发电车	双路	
3		$N-1$	满足	
4	UPS/SSTS 设备	UPS	有	
5		SSTS	无	
6	UPS/SSTS 输出端	备用供电回路	有	
7	负荷	发生电源故障后负荷受影响程度	零闪动	
8		发生 UPS/SSTS 输出故障后负荷受影响程度	短时间断	
9		适用场景	关键负荷	
10	供电系统	可靠性	极高	

方案8：1路市电带UPS输出、2路市电带ATS备用模式

1. 系统构成

1路市电带UPS输出、2路市电带ATS备用模式的系统构成即双路市电＋UPS＋负荷前端ATS，其接线方式如图4-34所示。

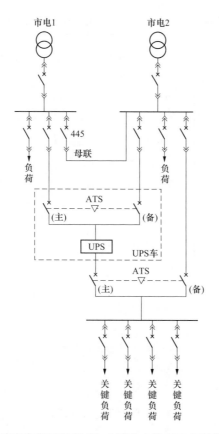

图4-34　1路市电带UPS输出、2路市电带ATS备用模式接线方式

2.优缺点

（1）优点。可防止UPS输入、输出端发生单点故障，供电可靠性极高。

（2）缺点。装备数量多，回路复杂。

3.适用范围

1路市电带UPS输出、2路市电带ATS备用模式适用于具备市电电源、发电车不允许进驻、发生电源闪断后会造成极大政治影响和经济损失的临时供电场所。

4.配置说明及可靠性评价

1路市电带UPS输出、2路市电带ATS备用模式配置说明及可靠性评价见表4-11。

表4-11   1路市电带UPS输出、2路市电带ATS备用模式配置说明及可靠性评价

序号	环节	项目	说明	备注
1	电源	市电电源	双路市电	
2		发电车	无	
3		$N-1$	满足	
4	UPS/SSTS 设备	UPS	有	
5		SSTS	无	
6	UPS/SSTS 输出端	备用供电回路	有	
7	负荷	发生电源故障后负荷受影响程度	零闪动	
8		发生 UPS/SSTS 输出故障后负荷受影响程度	短时间断	
9		适用场景	关键负荷	
10	供电系统	可靠性	极高	

方案9：1路市电主供、发电车备用带UPS输出、2路市电带ATS备用模式

1. 系统构成

1路市电主供、发电车备用带 UPS 输出、2路市电带 ATS 备用模式的系统构成即双路市电 + 发电车 +UPS+ 负荷前端 ATS，其接线方式如图4-35所示。

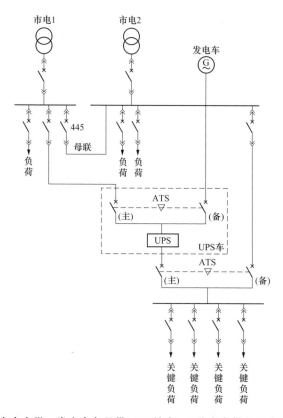

图4-35　1路市电主供、发电车备用带UPS输出、2路市电带ATS备用模式接线方式

2.优缺点

（1）优点。可防止UPS输入、输出端发生单点故障，供电可靠性极高。

（2）缺点。装备数量多，回路复杂。

3.适用范围

1路市电主供、发电车备用带UPS输出、2路市电带ATS备用模式适用于具备双路市电电源、发生电源闪断后会造成极大政治影响和经济损失的临时供电场所。

4.配置说明及可靠性评价

1路市电主供、发电车备用带UPS输出、2路市电带ATS备用模式配置说明及可靠性评价见表4-12。

表4-12　　　　　1路市电主供、发电车备用带UPS输出、
2路市电带ATS备用模式配置说明及可靠性评价

序号	环节	项目	说明	备注
1	电源	市电电源	双路市电	
2		发电车	单路	
3		$N-1$	满足	
4	UPS/SSTS设备	UPS	有	
5		SSTS	无	
6	UPS/SSTS输出端	备用供电回路	有	
7	负荷	发生电源故障后负荷受影响程度	零闪动	
8		发生UPS/SSTS输出故障后负荷受影响程度	短时间断	
9		适用场景	关键负荷	
10	供电系统	可靠性	极高	

二、移动应急电源并列运行技术

下面主要介绍移动应急电源的并列运行原理、常用方式及典型配置技术方案。

（一）并列运行原理简述

发电机组并列运行（并机）是指将两台以上运行的发电机组（应急电源车）通过并联连接联合在一起，形成更大容量的应急电源系统，向负载供电或者并联接入电网。发电机组并列运行示意如图4-36所示。

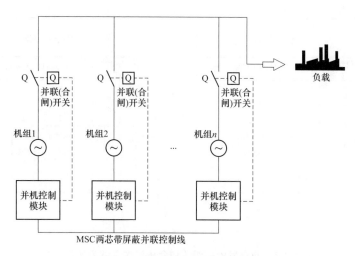

图4-36　发电机组并列运行示意

1.发电机组并列运行的特点

（1）可靠性高。因为多机组并联成一个应急电源系统，供电的电压和频率稳定，可以承受较大负荷变化的冲击。

（2）保养、维护方便。多台机组并联使用，可以集中调度，分配有功负载和无功负载，保养、维修更加方便及时。

（3）经济性好。可以根据网上负载的大小，投入适当台数的小功率机组，以减少大功率机组小负载运行带来的燃油、机油浪费。

（4）可扩展性好。只需供电保障所需容量安装发电及并联设备，需要扩展容量时，再增加发电机组即可，并且能方便地实现扩展机组的并机。

2.发电机组并列运行必须具备的条件

多台发电机组（应急电源车）并列运行，必须具备以下3个条件。

（1）各台发电机组（应急电源车）输出的电压频率相同。

（2）各台发电机组（应急电源车）输出的电压波形（包括幅值、相位）相同。

（3）各台发电机组（应急电源车）输出的电压相序相同。

另外，多台移动应急电源车并列运行时，还需要并机控制器进行整体的监测、调度与控制。目前常用的并机控制器包括众智科技、凯讯实业、深圳海汇、科迈等品牌。两台发电机组（应急电源车）并列运行控制如图4-37所示。

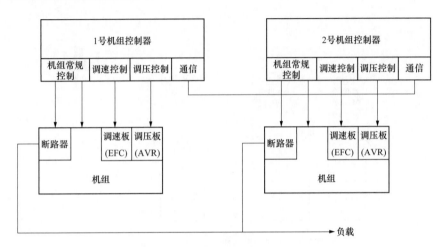

图4-37　两台发电机组（应急电源车）并列运行控制

（二）常见的并列运行使用方式

常见的发电机组并列运行使用方式主要包括：①并机后通过并网模块控制输出，如图4-38所示；②并机后经ATS输出，如图4-39所示；③并机后直接经输出柜输出，如图4-40所示。

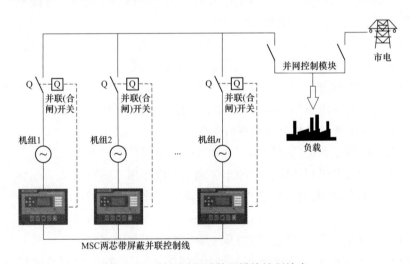

图4-38　并机后通过并网模块控制输出

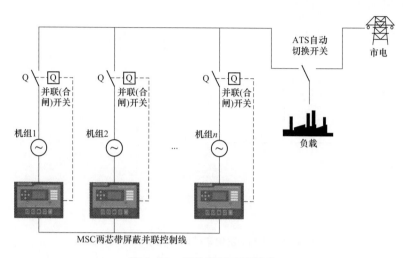

图4-39 并机后经ATS输出

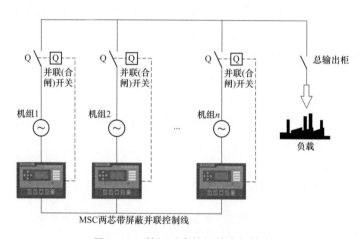

图4-40 并机后直接经输出柜输出

(三)典型配置方案

配备有并机控制器的移动应急电源可并网运行,也可并列运行,为负载提供更可靠的、更大容量的应急供电电源。下面给出4种典型配置方案。

方案1:0.4kV发电车并网运行模式

1.系统构成

0.4kV发电车并网运行模式的发电车与市电无负载分配通信,其系统构成即市电+0.4kV发电车,接线方式如图4-41所示。

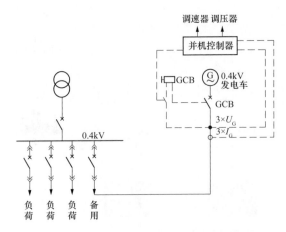

图4-41　0.4kV发电车并网运行模式接线方式

2.优缺点

（1）优点。回路简单，可在0.4kV侧实施低压并网供电，可实现无间断负荷转移或在用电高峰期间补偿变压器峰值电流。

（2）缺点。当用户负荷较大时，需要用户提供满足负荷容量的备用接入开关。

3.适用范围

0.4kV发电车并网运行模式适用于市电电源可能发生短期过载或需要不停电转移负荷的工作场景。

4.配置说明及可靠性评价

0.4kV发电车并网运行模式配置说明及可靠性评价见表4-13。

表4-13　　　　　0.4kV发电车并网运行模式配置说明及可靠性评价

序号	环节	项目	说明	备注
1	电源	市电电源	单路市电	
2		0.4kV 发电车	并网	
3		$N-1$	满足	
4	UPS/SSTS 设备	UPS	无	
5		SSTS		
6	UPS/SSTS 输出端	备用供电回路		

续表

序号	环节	项目	说明	备注
7	负荷	发生电源故障后负荷受影响程度	零闪动	
8		发生 UPS/SSTS 输出故障后负荷受影响程度	—	
9		适用场景	关键负荷	
10	供电系统	可靠性	高	

注　发电车与市电无负载分配通信时，发电车功率管理模式应设置为"固定功率输出"模式，仅在发电车容量满足全部负荷需求情况下可实现"先同期"状态下"零闪动"供电，由于市电侧不具备并网通信功能，无法实现市电恢复后的"后同期"功能，在市电恢复需要退出发电车时，仍需停电操作；在发电车容量不满足全部负荷需求时仅起到降低变压器负载率的作用。

方案2：双发电车并机冗余运行模式

1.系统构成

双发电车并机冗余运行模式的系统构成即双发电车，其接线方式如图4-42所示。

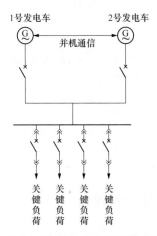

图4-42　双发电车并机冗余运行模式接线方式

2.优缺点

（1）优点。回路简单，供电可靠性较高。

（2）缺点。装备数量多，油耗较大。

3. 适用范围

双发电车并机冗余运行模式适用于市电电源不可靠或不具备市电电源、发生电源闪断后会造成重大政治影响和经济损失的临时供电场所。

4. 配置说明及可靠性评价

双发电车并机冗余运行模式配置说明及可靠性评价见表4-14。

表4-14　　　　　　双发电车并机冗余运行模式配置说明及可靠性评价

序号	环节	项目	说明	备注
1	电源	市电电源	无	
2		发电车	并机	
3		$N-1$	满足	
4	UPS/SSTS 设备	UPS	无	
5		SSTS		
6	UPS/SSTS 输出端	备用供电回路		
7	负荷	发生电源故障后负荷受影响程度	零闪动	
8		发生 UPS/SSTS 输出故障后负荷受影响程度	—	
9		适用场景	关键负荷	
10	供电系统	可靠性	高	

方案3：10kV发电车并网运行模式

1. 系统构成

10kV发电车并网运行模式的系统构成即市电+10kV发电车，其接线方式如图4-43所示。

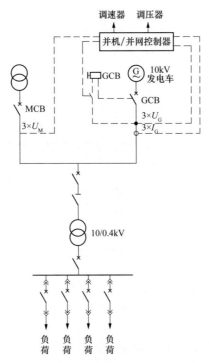

图 4-43 10kV 发电车并网运行模式接线方式

2. 优缺点

（1）优点。回路简单，可在 10kV 侧实施远距离供电，在供电点位上实现"一对多"供电方式。

（2）缺点。需要协调配合的部门较多，履行手续烦琐。

3. 适用范围

10kV 发电车并网运行模式适用于市电电源可能发生短期过载或不可靠的工作场景。

4. 配置说明及可靠性评价

10kV 发电车并网运行模式配置说明及可靠性评价见表 4-15。

表 4-15　　　　　　　10kV 发电车并网运行模式配置说明及可靠性评价

序号	环节	项目	说明	备注
1	电源	市电电源	单路市电	
2		10kV 发电车	并网	
3		$N-1$	满足	

续表

序号	环节	项目	说明	备注
4	UPS/SSTS 设备	UPS	无	
5		SSTS		
6	UPS/SSTS 输出端	备用供电回路		
7	负荷	发生电源故障后负荷受影响程度	零闪动	
8		发生 UPS/SSTS 输出故障后负荷受影响程度	—	
9		适用场景	关键负荷	
10	供电系统	可靠性	高	

注 仅在发电车容量满足全部负荷需求情况下满足"零闪动"供电；在发电车容量不满足全部负荷需求时仅起到降低变压器负载率的作用。

方案4：10kV发电车并机冗余运行模式

1. 系统构成

10kV发电车并机冗余运行模式的系统构成即多台10kV发电车，其接线方式如图4-44所示。

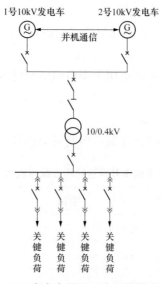

图4-44 10kV发电车并机冗余运行模式接线方式

2.优缺点

（1）优点。回路简单，可在10kV侧实施远距离供电，在供电点位上实现"一对多"供电方式。

（2）缺点。装备数量多，油耗较大。

3.适用范围

10kV发电车并机冗余运行模式适用于市电电源不可靠或不具备市电电源、发生电源闪断后会造成重大政治影响和经济损失的临时供电场所以及没有市电电源无法开展工作的场所。

4.配置说明及可靠性评价

10kV发电车并机冗余运行模式配置说明及可靠性评价见表4-16。

表4-16　　　　　10kV发电车并机冗余运行模式配置说明及可靠性评价

序号	环节	项目	说明	备注
1	电源	市电电源	无	
2		10kV发电车	并机	
3		$N-1$	满足	
4	UPS/SSTS设备	UPS	无	
5		SSTS		
6	UPS/SSTS输出端	备用供电回路		
7	负荷	发生电源故障后负荷受影响程度	零闪动	
8		发生UPS/SSTS输出故障后负荷受影响程度	—	
9		适用场景	关键负荷	
10	供电系统	可靠性	高	

第五章 典型临时供电工程

临时供电是供电企业对申请用电期限短暂或非永久性用电提供电源的一种供电方式。临时供电工程大多工程建设周期短，供电质量和可靠性要求高，工程建设涉及规划设计、设备选用、施工及验收等多个环节，这些环节对于临时供电的安全可靠运行具有至关重要的作用。本章介绍临时供电工程建设中工程设计、设备选型、施工及验收等各环节的技术要求，并给出几类典型供电方案。

第一节 工 程 设 计

工程设计是工程建设中的重要环节，工程设计的合理与否直接决定后续工程是否能够顺利完成施工。本节介绍临时供电工程的设计总则、网架结构、接地方式等设计要求，并列举几类典型设计模块。

一、设计总则

典型临时供电工程设计需遵循以下技术原则。

（1）供电保障单位确定供电方案前应收集现状电网情况、明确临时供电负荷性质、查清现场路由资源。

（2）临时供电的电源宜就近选取，可采用10kV和0.4kV两种电压等级，并应优先考虑0.4kV供电，当不具备由0.4kV供电条件时则由10kV供电。市电电源应设置电能计量装置。

（3）中低压电源一般均采用电缆线路供电方式，电缆型号应满足区域环境情况要求。

（4）电缆通道可采用保护管直埋、桥架、马道、搭挂等形式，通信光缆一般随电缆敷设。

（5）结合实际用电需求，将临时供电低压负荷按重要性分为普通、一般重要、特别重要4类，低压负荷的重要性需由相关方结合用电业务特点协商确定。负荷重要性分类与供电方式见表5-1。

表5-1   负荷重要性分类与供电方式

方式小类	供电原则	负荷类型
方式1	单路市电	普通低压负荷
方式2	双路市电（一主一备）+ATS	一般重要低压负荷
方式3	双路市电（一主一备）+ATS（SSTS）或单路市电+发电机+ATS（SSTS）；必要时配置UPS	重要低压负荷
方式4	双路市电（一主一备）+ATS（SSTS）+UPS+发电机	特别重要及敏感低压负荷

（6）建设10kV箱变等设施时，应根据电网情况及负荷性质选用单环、双环或双射接线形式的网架结构。

（7）设备及材料应选用优质产品，主要考虑技术先进、性能成熟可靠，具备免（少）维护、绿色环保等特点以及较高的安全与环境防护能力。

（8）临时供电工程应同步完成配电自动化建设，10kV供电设施具备"遥信、遥测、遥控"功能，原则上通过光通信方式传递信息，0.4kV供电设施至少具备"遥信、遥测"功能，原则上通过无线通信方式传递信息。

（9）大型活动结束后，供电保障单位应按要求有序拆除临时供电工程建设的设备设施，并进行场地恢复。

二、网架结构

下面主要介绍临时供电工程的10kV和0.4kV网结构。

（一）10kV网架结构

临时供电工程的10kV网架结构通常采用双环网、单环网及双射接线方式。

1.双环网接线方式

10kV双环网接线开环运行示意如图5-1所示。

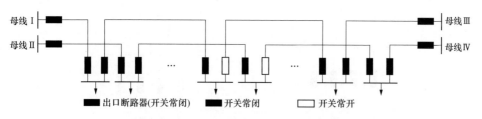

图5-1　10kV双环网接线开环运行示意

2.单环网接线方式

10kV单环网接线开环运行示意如图5-2所示。

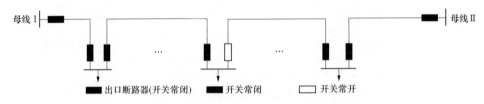

图5-2　10kV单环网接线开环运行示意

3.双放射接线方式

10kV双放射接线开环运行示意如图5-3所示。

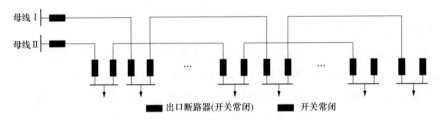

图5-3　10kV双放射接线开环运行示意

（二）0.4kV网架结构

临时供电工程的0.4kV网架结构通常采用单路、双路、单路配SSTS以及双路加UPS配SSTS接线方式。

1.单路市电供电方案

单路市电供电方案如图5-4所示。

2.双路市电供电方案

双路市电供电方案如图5-5所示，市电1为主供电源。

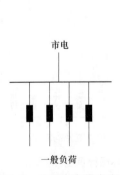

图5-4　单路市电供电方案

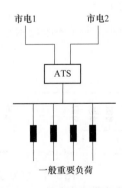

图5-5　双路市电供电方案

3. 双路市电配SSTS供电方案

双路市电配SSTS供电方案如图5-6所示，市电1为主供电源。

4. 双路市电加UPS配SSTS供电方案

双路市电加UPS配SSTS供电方案如图5-7所示，市电1为主供电源。

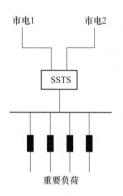 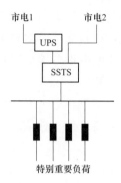

图5-6　双路市电配SSTS供电方案　　　图5-7　双路市电加UPS配SSTS供电方案

三、接地方式

临时供电工程的电源取自不同来源时，其接地方式的具体技术要求也不同。

（一）临时负荷的0.4kV电源取自用户配电室

当临时负荷的0.4kV电源取自用户配电室（公建内），用户配电室的接地网应采用与建筑物等电位连接的方式，接地电阻不大于0.5Ω。

（1）低压接地系统采用TN-S方式。

（2）电缆派接箱，电缆终端箱宜采用非金属材质。

（3）潮湿环境下，临时负荷设备应考虑加装隔离变压器或采用双重绝缘Ⅱ类设备。

（二）临时负荷的0.4kV电源取自临时箱变

（1）临时箱变保护接地网和工作接地网分开设置：距离大于5m；保护接地网的接地电阻不大于4Ω；工作接地网的接地电阻不大于2Ω。

（2）低压接地系统采用TN-S方式。

（3）TN-S中的PE线应从工作接地网中引出。

（4）电缆派接箱，电缆终端箱宜采用非金属材质。

（5）潮湿环境下，临时负荷设备应考虑加装隔离变压器或采用双重绝缘Ⅱ类设备。

四、供电方案典型设计

按照负责重要程度不同，下面给出4种负荷的供电方案典型设计。

（一）普通负荷典型供电方案

1.技术原则

普通负荷典型供电方案的主要技术原则是采用单路市电方式供电，上级电源引自永久供电设施或临时供电设施，进出线均采用电缆供电方式。用户由快接智能型低压配电设备接负荷时，需自备配套工业插头。

2.适用范围

普通负荷典型供电方案适用于临时供电工程中负荷重要等级为普通负荷的供电方案，主要应用于住宿、清洁与废弃物、餐饮、物流和活动服务区域的普通负荷供电。

3.技术条件

普通负荷典型供电方案技术条件见表5-2。

表5-2   普通负荷典型供电方案技术条件

项目名称	内容
普通负荷供电方案	由永久供电设施或临时供电设施新出一路电缆至快接智能型低压电缆终端箱或直接接负荷； 由永久供电设施或临时供电设施新出一路电缆至快接智能型低压电缆分支箱，再由快接智能型低压电缆分支箱出线至快接智能型低压电缆终端箱

（二）一般重要负荷典型供电方案

1.技术原则

一般重要负荷典型供电方案主要技术原则是采用双路市电（一主一备）方式供电，上级电源引自永久供电设施或临时供电设施，双电源采用ATS装置切换，进出线均采用电缆供电方式。用户由快接智能型低压配电设备接负荷时，需自备配套工业插头。

2.适用范围

一般重要负荷典型供电方案适用于临时供电工程中负荷重要等级为一般重要负荷的供电方案，主要应用于大型活动服务、票务和管理区域的一般重要负荷供电。

3.技术条件

一般重要负荷典型供电方案技术条件见表5-3。

表5-3　　　　　　　　　　　　一般重要负荷典型供电方案技术条件

项目名称	内容
一般重要负荷供电方案	由不同上级电源的2台变压器各新出一路电缆至ATS低压配电箱，再由ATS低压配电箱至快接智能型低压电缆分支箱或快接智能型低压电缆终端箱； 由不同上级电源的2台变压器各新出一路电缆至ATS低压配电箱，再由ATS低压配电箱直接接负荷

（三）重要负荷典型供电方案

1.技术原则

重要负荷典型供电方案主要技术原则是采用双路市电（一主一备）+ATS（SSTS）或单路市电+发电机+ATS（SSTS），必要时配置UPS装置；电源引自永久供电设施或临时供电设施，双路电源采用ATS（SSTS）装置切换，进出线均采用电缆供电方式。用户由快接智能型低压配电设备接负荷时，需自备配套工业插头。

2.适用范围

重要负荷典型供电方案适用于临时供电工程中负荷重要等级为重要负荷的供电方案，主要应用于新闻媒体、安保和转播区域等的重要负荷供电。

3.技术条件

重要负荷供电方案技术条件见表5-4。

表5-4　　　　　　　　　　　　重要负荷供电方案技术条件

项目名称	内容
重要负荷供电方案1	由不同上级电源的2台变压器各新出一路电缆至ATS（SSTS）低压配电箱，再由ATS（SSTS）低压配电箱至低压负荷
重要负荷供电方案2	由永久供电设施或临时供电设施和发电机各出一路电缆至ATS（SSTS）低压配电箱，再由ATS（SSTS）低压配电箱至低压负荷

（四）特别重要负荷典型供电方案

1.技术原则

特别重要负荷典型供电方案主要技术原则是采用双路市电（一主一备）+ATS

（SSTS）+UPS+发电机供电，发电机原则上作为备用电源，上级电源引自永久供电设施或临时供电设施，双电源采用 ATS 或 SSTS 装置切换，进出线均采用电缆供电方式。用户由快接智能型低压配电设备接负荷时，需自备配套工业插头。

2.适用范围

特别重要负荷典型供电方案适用于临时供电工程中负荷重要等级为特别重要负荷的供电方案，主要应用于重要活动主会场、特别重要人员驻地等的特别重要负荷供电。

3.技术条件

特别重要负荷典型供电方案技术条件见表5-5。

表5-5　　　　　　　　　特别重要负荷典型供电方案技术条件

项目名称	内容
特别重要负荷供电方案	由具备联络开关的双路市电母线新出一路电缆至 ATS（SSTS）低压配电箱（柜），发电机新出一路电缆至 ATS（SSTS）低压配电箱（柜）作为备用电源，再由 ATS（SSTS）低压配电箱至 UPS 为特别重要负荷

第二节　临时供电工程保障设备

根据大型活动临时供电工程的供电设计方案，供电企业应选用安全、可靠、技术先进的供电设备。本节介绍临时供电工程供电保障设备选用原则、技术要求及巡视重点。

一、临时供电工程保障设备选用原则

临时供电工程一、二次设备材料应选用优质产品，选用原则如下。

1.预装式箱式变电站

（1）10kV线路预装式箱式变电站采用环网型设计，高压侧开关柜应为1进2出方式。

（2）环网柜采用环保型气体绝缘柜，满足"五防"闭锁要求。

（3）配电变压器接线组别选用DYn11型。选用低损耗、全密封油浸式变压器，序列号为S13及以上。

（4）低压主出线及各路出线开关选用空气断路器；低压侧按30%变压器容量配置电容器；箱变低压母线预留接入应急发电装置的接口。

（5）箱变按"遥测、遥信、遥控"功能配置，配置DTU，配电自动化及通信设备应具备防凝露能力，在户外易凝露情况下可安全运行。

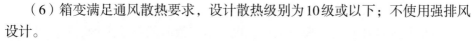

（6）箱变满足通风散热要求，设计散热级别为10级或以下；不使用强排风设计。

2. 电缆分支箱

（1）低压落地式电缆分支箱内各回路额定电流为400A，主干线回路内设触刀，不设熔断器。馈线回路设置熔断器保护，根据负荷设置熔断器，额定电流一般为250A。

（2）箱内母线预留位置，具备扩展接入熔断器式负荷隔离开关的条件，以满足接入应急电源的需要。

（3）采用SMC复合材料外壳，双重绝缘结构，配置预装式电缆夹层，夹层满足电缆施工和检修的要求，夹层采用SMC材质制造。

3. 电缆终端箱

低压电缆终端箱分A、B、C、D、E、F、G、H、I、J共10种型号，应根据馈线情况合理选择型号。电缆终端箱型号规格见表5-6。

表5-6　　　　　　　　　　　　　电缆终端箱型号规格

序号	名称	型号规格	备注
1	A 型配电箱	刀开进线　　1 进 16 出	进线壳架电流 400A
2	B 型配电箱	刀开进线　　1 进 13 出	
3	C 型配电箱	刀开进线　　1 进 12 出	
4	D 型配电箱	带 SSTS　　1 进 12 出	进线壳架电流 160A
5	E 型配电箱	刀开进线　　1 进 4 出	进线壳架电流 400A
6	F 型配电箱	刀开进线　　1 进 7 出	
7	G 型配电箱	带 SSTS　　2 进 6 出	进线壳架电流 160A
8	H 型配电箱	带 SSTS　　2 进 2 出	进线壳架电流 250A
9	I 型配电箱	刀开进线　　1 进 2 出	进线壳架电流 400A
10	J 型配电箱	带 SSTS　　2 进 2 出	进线壳架电流 1000A

4. ATS低压配电箱

一般重要低压负荷需要双电源供电，当切换时间要求为秒级时，可选择自动转换开关（ATS）。新装ATS低压配电箱出线开关根据负荷大小选配开关大小。

5. SSTS低压配电箱

（1）重要负荷、特别重要及敏感低压负荷需要双电源供电，且切换时间要求为毫秒级时，应加装固态转换开关（SSTS）。

（2）固态快速切换开关（SSTS）与UPS配合使用，容量应与用电负荷匹配，就近安装在用电设备附近。SSTS应满足自动快速（10ms等级）切换要求，以保障用电设备不受影响或人眼无感。

6. UPS装置

（1）重要低压负荷或特别重要及敏感低压负荷应加装在线式不间断电源（UPS）。

（2）在线式UPS装置采用阀控式密封铅酸蓄电池组，根据负荷需求合理选择UPS容量，容量在300Ah以下时安装在电池组采用柜内安装方式。电池柜结构应有良好的通风、散热考虑，电池柜内的蓄电池应摆放整齐并保证足够的空间，蓄电池间不小于15mm，蓄电池与上层隔板间不小于150mm。充电与浮充电方式转换应有自动和手动两种转换控制方式。UPS满容量供电时间不小于30min。

（3）UPS装置应根据安装区域海拔、温度、湿度环境选型，并满足运行管理要求。

7. 电缆选型

（1）高压电缆。正常情况下选用ZA-YJY22-8.7/15kV型阻燃电缆，极寒地区选用HD-YJY32-8.7/15kV型耐寒电缆；高压截面确定根据负荷大小合理选用，推荐150mm^{2}为主选截面。

（2）低压电缆。选用ZC-0.6/1kV-XEF型阻燃电缆，根据负荷大小确定截面。对于极寒地区应选用HD-YJY32-0.6/1kV型耐寒电缆。低压电缆截面确定根据负荷大小合理选用，可选用150、50、35mm^{2}三种截面。低压电缆选用冷缩式附件，具有增强防水、防火性能的产品。

二、自动转换开关

（一）自动转换开关简介

自动转换开关（Automatic Transfer Switching Equipment，ATS）由转换开关、

控制系统以及连接线3部分组成，当一路电源出现故障后它能将负载迅速地转换至另一路电源，实现两路电源之间的自动转换，以确保供电的连续性、可靠性。ATS广泛应用于对用电可靠性要求更高的重要供电系统中，以确保重要负荷连续、可靠运行。ATS一次系统及实物外观分别如图5-8和图5-9所示。

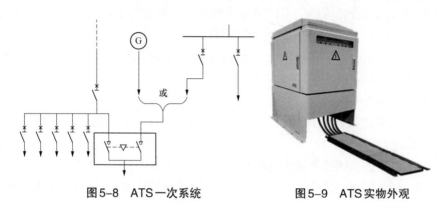

图5-8　ATS一次系统　　　　　图5-9　ATS实物外观

　　自动转换开关控制系统主要用来检测被监测电源（两路）工作状况，当被监测的电源发生故障（如任意一相断相、欠压、失压或频率出现偏差）时，控制器发出动作指令，开关本体则带着负载从一个电源自动转换至另一个电源。自动转换开关本体有PC级（整体式）与CB级（断路器）之分。自动转换开关有自投自复、自投不自复、手动转换、消防联动4种运行方式。

（二）自动转换开关技术要求

1.自动转换开关

（1）自动转换开关主要由执行开关和控制器组成。

（2）带有电气和机械连锁保护，可以手动/电动操作，可设定过电压、欠电压。

（3）自动转换开关和控制器组件应为同一生产厂家。

（4）可直观指示自动转换开关工作状态。

（5）连锁装置基本要求：负载侧故障时，自动开关应闭锁切换；两路电源开关不得同时闭合。

（6）塑壳断路器。

1）壳架电流不小于400、125、63A，脱扣器具有可整定功能，应采取防止小负荷电流误掉闸的措施。

2）塑壳断路器额定电流400、125、63A，采用拨码式电子脱扣器，可实现三段电流保护，保护定值可调。

（7）取消判断过压、欠压、缺相的情况，只保留失压判断。即仅当ATS进线端电压低于35%～70% U_N的情况下ATS动作，U_N=380V。

（8）至少具备"自投自复""自投不自复"工作方式，可根据需求现场选用。

（9）ATS动作时间包括检测延时时间、人为延时时间、固有机械动作时间。人为延时时间为分档可调，主用转备用延时时间调整挡位依次为0.1、0.5、1、2、4、8、15、20s，备用转主用延时时间调整挡位固定为0.1s。

（10）主用转备用、备用转主用固有机械动作时间均应要小于1s；检测时间不得大于100ms。

2. 进出线面板插座

（1）箱体进出线采用快速工业插座，插座应有防触电端盖，防护等级为IP67及以上。

（2）箱体进出线插座额定电流有400、125A和63A。

（3）工业插座芯体应由黄铜制成，螺丝、弹簧等均由防锈材料和表面涂层钢制成。

（4）工业插座内应有接地线，为了防止误插，插座上的槽键需要与插头匹配，从而确保地线按照电气标准正确安装。

（5）工业插座应采用优质进口塑料外壳，无添加二次回料。产品外壳应具有优良的电绝缘性，抗冲击性，耐热、耐寒、耐腐蚀，长期运行可靠性高。

3. 数据通信与采集

（1）数据采集的基本功能。

1）开关均具备开关分合闸、故障脱扣状态量和电流、电压电量信息采集上传功能。

2）ATS的主备开关状态、工作方式等信息。

3）箱内环境状态监测等信息。

4）重点地区，预留适配5G通信和拓扑自识别功能。

（2）自动拓扑识别功能。自动转换开关能自动识别进线电缆、出线电缆与终端箱的连接关系，并将此连接信息上传至信息系统后台，由信息系统后台据此实现低压供电系统拓扑结构的自动识别。基于电量信息采集和拓扑自动识别等功能，辅助实现临电接入、拆除的智能化管理，同时实现对用户用电情况的实时监测。

（3）电能质量监测功能。箱内部需有足够安装电能质量监测装置的空间，其空间包括装置本体及附件所需空间。电能质量监测装置执行标准依据该装置专用标准。

（三）自动转换开关巡视内容

ATS巡视的主要内容见表5-7。

表5-7 　　　　　　　　　　　　ATS巡视的主要内容

序号	检查类别	设备分类	调度号	巡视内容
1	资料检查	—	—	核查设备出厂试验报告、合格证、技术图纸、使用说明书是否正确、完备
2				智能监测单元合格证及出厂试验报告、验收记录单（含主站）、光纤路由图、蓝图
3				0.4kV进出线保护定值配合正确性检查
4	现场检查	智能监测单元	—	智能监测单元是否正常运行，有无报警信号
5				智能监测单元外壳接地检查
6				与ATS控制器、智能馈线开关接线、通信状态检查
7				加热状态监测检查
8				环境温湿度监测检查
9		0.4kV开关	401	开关分、合闸位置是否正确，与实际运行方式是否相符，控制把手与指示位置是否对应
10				设备的各部件连接点接触是否良好，有无过热变色、烧熔现象
11				电缆终端是否接触良好
12				调度号、路名标识是否齐全，是否正确
13				低压开关定值是否与定值单一致
14			402	开关分、合闸位置是否正确，与实际运行方式是否相符，控制把手与指示位置是否对应
15				设备的各部件连接点接触是否良好，有无过热变色、烧熔现象
16				电缆终端是否接触良好
17				调度号、路名标识是否齐全，是否正确
18				低压开关定值是否与定值单一致

续表

序号	检查类别	设备分类	调度号	巡视内容
19	现场检查	ATS 控制器		控制器面板 LED 指示灯是否正常，报警指示灯是否闪亮
20				开关位置状态指示是否正确
21		ATS 控制器		是否在自动位置，且电源优先级是否在"互为备用"选项
22				显示器显示电源指示、电压是否正常
23		柜体		柜门关闭是否正常
24				柜体工业插座和电缆插头是否连接可靠，有无过热、变形等现象
25				检查设备名称、编号、警示、接线等标识标牌缺失，设备名称、编号、接线等标牌与实际情况是否一致
26				检查设备夹层、箱体外壳、箱门柜门是否有破损、渗漏，进出线电缆孔是否封堵完好，锁具是否完好，箱体柜体是否有凝露
27				ATS 保温、加热系统运转是否正常
28				开机状态下有无异响或焦煳味
29				ATS 箱接地是否可靠良好
30				接地排有无严重锈蚀问题
31	现场实测	—	—	针对 ATS 箱各接头连接处开展红外测温工作

三、固态切换开关

（一）固态切换开关简介

固态切换开关（Solid-State-Transfer Switch，SSTS）主要由进线开关室、SSTS 模块室、出线开关室、监测室、通信室组成。以 SSTS 模块为核心元件，配置主、备 2 路进线开关，分别接入 2 路独立的电网电源；设置 1 路总出线开关及 4 路馈线开关，满足用户的负荷接入需求，并配置 2 路手动维修旁路开关，分别作为 SSTS 模块的主、备维修旁路，满足模块维护及应急供电需求。SSTS

的一次系统接线及实物外观分别如图5-10和图5-11所示。SSTS有自投自复、自投不自复、手动转换、维修旁路4种运行方式。

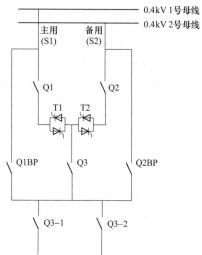

图5-10 SSTS一次系统接线

图5-11 SSTS实物外观

（二）固态切换开关技术要求

1.柜体框架结构

（1）SSTS柜为低压固定式开关柜，模块化SSTS开关应有独立隔室；本地显示单元、SSTS控制面板安装于隔室门上。SSTS柜进线采用上进线形式，馈线采用下出线形式。

（2）SSTS柜操作方式。

1）柜内SSTS进、出线。旁路断路器为塑壳式断路器，固定式安装；馈线断路器为塑壳式断路器，插拔式安装。开门柜内旋转手柄操作，做好标识设置。

2）模块化SSTS主机为固定式安装，控制屏安装于柜门，关门操作。

（3）防护等级。

1）柜体外壳的防护等级应不低于IP31。

2）柜体的前部及后部装有符合防护等级的通风散热装置；柜体的通风面积应满足散热要求；正面维护维修。

2.模块化SSTS开关性能参数

（1）技术要求。应拥有权威机构颁发的ISO-9000系列的认证证书或等同的质量保证体系认证证书。选用的SSTS电源设备必须通过电力工业质检中心的检测。执行国家、电力行业有关技术标准和工艺要求。

（2）电气特性。

1）输入特性。额定电压为400V；电压范围为±10%；额定频率为50Hz±5%；相数为三相切换。

2）输出特性。额定电流为三相600A；额定短时耐受电流（过载能力），105%额定电流时可连续运行，110%额定电流时为15min，115%额定电流时为10min，150%额定电流时为2min，200%额定电流时为20s，600%额定电流时为1s，2000%额定电流时为20ms。

3）切换时间。典型值不大于5ms；实测值不大于10ms。

4）效率。额定电流时效率$\eta \geqslant 99\%$。

（3）机械特性。

1）模块化设计。SSTS应具有模块化设计，它将安装在保护等级不低于IP31、满足IEC 60529标准的金属机柜中，固定在地板上。每个机柜的机械结构应该具有足够的强度和硬度，来承受搬运和安装工作而没有任何变形的风险。机柜内部应该分成不同部分，将机电装置（断路器和开关）与电子组件和电路板分离开。通过将各部分隔离能够对电子设备进行维护。组件的设计应该便于对部件的检修和更换。系统的安装方式还应该使更换电力部件无须使用焊接工具或特殊工具。

2）导线和电缆。上线和下线的功率电缆以及辅助电缆应该能够从底部或从活动地板的开口处进入机柜。各个连接端子都应该清晰地标明以便于安装，连接应该在正面进行。所有的连接都应该直接进行，无须首先断开其他的连接。内部的导体应该分组捆扎成电缆或导体束，然后可靠地组合固定在一起。所有导线和电缆应该用适当的标牌、色标或印记进行明确的标识。低压控制和监视导线应该与各种电力电缆保持一定的距离以避免任何干扰的风险。

3）电路的监视。面板上的LED指示灯应该指示关键的运行状态以便于在发生故障的情况下进行维护和服务。

4）短路承受能力。使用的元器件及其他们所制成的半成品应该保证具有SSTS所公布的短路承受能力（包括所有的机电和电子装置、互连装置、电缆和母排）。

5）开关装置和控制装置。确保维护安全的断路器和旁路输入/输出开关应该容易拆卸和更换、校准或测试而无须中断对关键负载的供电。两路维修旁路断路器（开关）的机械互锁装置应该能够禁止用户同时闭合两个手动维修旁路的断路器；维修旁路断路器应具备与SSTS模块对端主路进线断路器闭锁关系。

逻辑保护电路应该确保如果用户闭合了另一路（即不是现在正在向负载供电的这一路）维修旁路的断路器时，SSTS将自动转换到已经闭合了手动维修旁路的这一路电源上来，其目的就是避免用户无意识地将两路电源并联起来。

6）通风和冷却。适当的通风系统应该保证系统在额定温度下运行。系统应该具有足够的通风能力使SSTS在带满载并考虑了过载的情况下都能正常运行，即使在环境温度为40℃和相对湿度为95%的情况下也能连续运行。应该安装足够数量的风机来确保只有一路电源单独运行时的冷却。风机的数量还应该具有足够的冗余，以保证SSTS在两个风机故障的情况下都能连续运行。所有的风机故障都有可视的报警。风机应该容易检修和更换而无须骚扰系统的正常运行。风机应该具有至少5年的服役年限。

（4）参数设置。SSTS的参数设置应该能够通过连接到参数设置接口的个人电脑和使用系统定制软件进行。可设置的参数及范围见表5-8。

表5-8　　　　　　　　　可设置的参数及范围

参数	范围	缺省设置	注释
额定电源电压	400	—	—
额定电源频率	50Hz	—	—
返回切换方式（切换后重新回到首选电源）	手动或自动	自动	—
过压检测阈值	+5% ～ +20% 的额定电压，步长为1%	10%	检测"电源超限"
欠压检测阈值	−5% ～ −20% 的额定电压，步长为1%	−10%	—
相位容限	±1°～ ±45°，步长1°	±15°	两路电源之间的相位偏差
过压和欠压检测的超调范围	0 ～ 6% 的设定值	3%	—
返回切换的延时	1 ～ 255s	15s	核实"电源正常"的延迟时间
间断切换时间	0 ～ 3s	300ms 中断	对相位超限时的自动切换

（三）固态切换开关巡视内容

SSTS巡视的主要内容见表5-9。

表 5-9　　　　　　　　　　　　　　　　SSTS 巡 视 内 容

序号	检查类别	设备分类	调度号	巡视内容
1	资料检查	—	—	核查设备出厂试验报告、合格证、技术图纸、使用说明书是否正确、完备
2	现场抽查	0.4kV开关	主进开关	开关分、合闸位置是否正确，与实际运行方式是否相符，控制把手与指示位置是否对应
3				设备的各部件连接点接触是否良好，有无过热变色、烧熔现象
4				电缆终端是否接触良好
5				调度号、路名标识是否齐全，是否正确
6			备进开关	开关分、合闸位置是否正确，与实际运行方式是否相符，控制把手与指示位置是否对应
7				设备的各部件连接点接触是否良好，有无过热变色、烧熔现象
8				电缆终端是否接触良好
9				调度号、路名标识是否齐全、正确
10		SSTS		开关分、合闸位置是否正确，与实际运行方式是否相符，与开关本地显示单元指示的位置是否对应
11				模块显示面板显示是否正常，包括电流、电压等，频率、相位差等
12				模块显示面板 LED 指示灯是否正常，有无橙色、红色或闪烁报警状态，蜂鸣器是否鸣响
13				SSTS 设备本体风扇运转是否正常
14				SSTS 综合低压柜上散热风扇运转是否正常
15				有无异响或焦煳味

续表

序号	检查类别	设备分类	调度号	巡视内容
16	现场抽查	SSTS		开关调度号、出线开关对应路名、设备铭牌及各种标识是否齐全、清晰
17				各接头红外测温有无异常
18				检查两路电源相位差是否超过 15°
19				旁路切换是否正常
20				柜门关闭是否正常
21				柜体电缆连接是否连接可靠，有无过热、变形等现象
22				检查设备名称、编号、警示、接线等标识标牌缺失，设备名称、编号、接线等标牌与实际情况是否一致
23				检查设备夹层、箱体外壳、箱门柜门是否有破损、渗漏，进出线电缆孔是否封堵完好，锁具是否完好，箱体柜体是否有凝露
24				SSTS 保温、加热系统运转是否正常
25				开机状态下有无异响或焦煳味
26				SSTS 箱接地是否可靠良好
27				接地排有无严重锈蚀问题
28	保护定值评估	0.4kV 开关		SSTS 设备涉及的低压开关主进线 Q1、备进线 Q2、主旁路 Q1BP、备旁路 Q2BP、总输出开关 Q3 以及各馈线开关所设置定值是否与保护定值单保持一致
29	两遥信号评估	遥测信号		SSTS 设备涉及的低压主进线开关、备进线开关、主旁路开关、备旁路开关、总输出开关、馈线开关的遥测信号与后台是否一致
30		遥信信号		SSTS 设备涉及的故障报警信号、开关投入、开关退出、开关投入、开关退出、允许投切、常用电源（晶闸管开关）投入、备用电源（晶闸管开关）投入的遥信信号与后台是否一致

四、不间断电源（UPS）

（一）不间断电源（UPS）简介

不间断电源（Uninterruptible Power Supply，UPS）被广泛应用于重要供电场所，是一种将蓄电池（多为铅酸免维护蓄电池）与主机相连接，通过主机逆变器等模块电路将直流电转换成市电的系统设备，主要用于给部分对电源稳定性要求较高的负荷提供稳定、不间断的电力供应。

当市电输入正常时，UPS将市电稳压后供应给负载使用，此时的UPS就是一台交流式电稳压器，同时它还向机内电池充电；当市电中断（事故停电）时，UPS立即将电池的直流电能，通过逆变器切换转换的方法向负载继续供应220V交流电，使负载维持正常工作并保护负载软、硬件不受损坏。UPS设备通常对电压过高或电压过低都能提供保护。

（二）不间断电源（UPS）技术要求

1. 环境条件

（1）海拔高度。海拔高度应不大于2200m，超过1000m时需要功率折算，海拔1000m以上使用的降额系数见表5-10。

表5-10　　　　　　　　海拔1000m以上使用的降额系数

海拔高度 /m	降额系数
1000	1.0
1500	0.95
2000	0.91
2500	0.86

（2）环境温度。

1）户外式。标准低温型UPS为-25 ～ 20℃；极寒低温型UPS为-40 ～ 10℃。

2）户内式。为0 ～ 40℃。

（3）日温差。日温差不应大于30℃。

（4）相对湿度。相对湿度应不大于90%（相对环境温度20℃ ± 5℃）。

（5）抗震能力。地面水平加速度0.38g；地面垂直加速度0.15g。

（6）同时作用持续3个正弦波，安全系数不小于1.67。

2. 输入参数

（1）整流器电源输入。电压为（1 ± 10%）380V /（1 ± 10%）220V；频率为

（1±10%）50Hz；功率因数不小于0.9；总谐波含量不大于5%。

（2）旁路电源输入。电压为（1±15%）380V/（1±15%）220V；频率为（1±10%）50Hz。

3. 输出参数

（1）电压。电压为AC（1±1%）380V/（1±1%）220V。

（2）频率稳定度。电池供电时的频率稳定度为（1±0.1%）50Hz。

（3）与旁路的同步范围。与旁路的同步范围为±0.5Hz，在±0.25～±2Hz之间可调。

（4）摆动率。摆动率为1Hz/s。

（5）相位移。平衡负载为120°±1°；100%不平衡负载为±2.5°。

（6）相电压差。平衡负载为±1%；100%不平衡负载为±3%。

4. 运行要求

（1）负载功率因数。不小于0.8（滞后）。

（2）系统效率。对于50%阻性负载，额定输出容量不大于10kVA时，系统效率不小于88%；额定输出容量在10kVA与100kVA之间时，系统效率不小于92%；额定输出容量大于等于100kVA时，系统效率不小于93%。

（3）交流输出电压相对谐波含量。100%非线性负载不大于3%；100%线性负载不大于2%。

（4）交流输出电压的动态特性。负载电流由0%→100%→0%突变时，输出电压变化不大于±2%。

（5）交流输出电压动态恢复特性。应在20ms内恢复到±2%。

（6）过载能力。125%额定输出电流为10min，150%额定输出电流为1min。

（7）启动时间。10s内可调。

（8）带载启动特性。可满载启动。

（9）逆变器。采用IGBT技术。

（10）静态开关。开关容量可在满载状态下连续运行；$10I_N$下过载能力不小于20ms；旁路→逆变器→旁路的转换时间应不大于1ms。

（11）蓄电池组。全免维护密封铅酸电池/锂电池，后备时间不小于10min，选用松下、西恩迪等同等档次产品，由厂家提供参数和试验报告。

（12）蓄电池再充电时间。由厂家根据产品特性提供参数，并与UPS充电匹配。

（13）保护。厂家应提供过电压保护和过电流保护的保护方式。

（14）噪声。正常运行时1m处小于70dB（A）。

（15）电磁干扰。应符合有关国际标准。

（16）UPS系统应具有手动检修旁路，并有闭锁装置。

5.主要产品技术指标要求

（1）设备类型。UPS设备原则上采用在线双转换式不间断电源设备，无论交流电源中断与否，都应向负载提供连续的保证电源。

（2）主机及电池部分主要技术要求。

1）保护性能。

a.输出短路保护。输出短路时，UPS应立即自动关闭输出，同时发出声光告警。故障排除后，设备应自动恢复工作。

b.输出过载保护。输出负载超过UPS额定负载时，应发出声光告警；超出过载能力时，应转旁路供电。同时发出声光告警。故障排除后，设备应自动恢复市电逆变供电运行。

c.过温度保护。UPS机内运行温度过高时，发出声光告警并自动转为旁路供电。温度恢复为安全温度后，设备应自动恢复市电逆变供电运行。

d.蓄电池电压低保护。当UPS在蓄电池逆变工作方式时，UPS应确保蓄电池电压降至保护点时发出声光告警，并可自动停止供电。

e.输出过欠压保护。UPS输出电压超过设定过、欠电压值时，发出声光告警并转为旁路供电。

f.输入过欠压保护。UPS输入电压超过设定过、欠电压值时，发出声光告警并转为电池逆变供电，整流器自动关闭。当输入电压恢复到允许范围内时，设备应自动恢复市电逆变供电运行。

2）抗雷击浪涌能力。UPS应具有防雷装置，能承受模拟雷击电压波形 $10/700\mu s$，幅值为 5kV 的冲击 5 次，模拟雷击电流波形 $8/20\mu s$，幅值为 20kA 的冲击 5 次，每次冲击间隔为 1min，设备仍能正常工作。

3）控制功能。UPS设备应采用全数字控制技术。UPS设备应具有延时重启功能、直流全启动功能和蓄电池自动维护功能。

4）蓄电池组智能管理功能。UPS应具有定时对蓄电池组进行自动浮充、均充转换，蓄电池组自动温度补偿及蓄电池组放电记录功能。

5）定期UPS自检。20kVA以上容量UPS应具备定期自检功能，检测UPS的主要部件包括逆变器、充电器、电池及控制单元。

6）安全要求。UPS的输入端、输出端对地施加500V直流电压时，绝缘电阻应大于 $2M\Omega$。

7）可靠性要求。UPS设备在正常使用环境条件下，平均无故障时间 MTBF

应不小于200000h（不含蓄电池）；平均故障修复时间MTTR小于2～3h。

8）冗余并机和负载分配。正常时负载均分，当任意一台UPS出现故障，其设备自动退出，由另外其他在线UPS供电于全部负荷。

9）并机系统要求。应当可以提供直接并联系统，全系统进行脱机维护的旁路维修设备。

10）安全保护机制。需说明如果一台或多台UPS发生故障，UPS系统是怎样将发生故障的UPS退出系统，而保障整个UPS供电系统不受影响。

11）旁路单元（柜）技术要求。所有UPS必须配置外置手动旁路单元（柜），旁路单元（柜）与电池单元（柜）、UPS单元（柜）各自空间独立，可单独维护。UPS的进线、馈线应分别接入该外置旁路开关（柜），旁路开关应和进、出线开关并联设置。3kVA（不含）以上容量UPS维护主机或电池时，需在负荷不间断供电前提下，切换至手动维修旁路运行模式。

12）进出线及电池开关技术要求。所有容量UPS须标配电池保护开关、进、出线开关，开关额定容量及开断容量按照满载运行核算，具体配置以设计图纸为准。断路器必须通过国家"3C"强制性认证。

13）进出线主要技术要求。户内式UPS及3kVA的户外UPS箱采用电缆端子接线，3kVA以上户外式UPS采用工业插座接线。UPS箱进出线技术要求见表5-11。

表5-11　　　　　　　　　UPS箱进出线技术要求

UPS 容量 /kVA	规格	外置旁路插座配置	
		进线	出线
10	三进单出	5 芯 32A 插座	接线端子
20	三进三出	5 芯 63A 插座	5 芯 63A 插座
30			
40			
50		5 芯 125A 插座	5 芯 125A 插座
80			
100		单芯 530A 插座	单芯 530A 插座
150			
200			

6.箱体部分主要技术要求

（1）外观与结构。

1）箱体防护等级要求。户外式不低于IP65，户内式不低于IP20。

2）户外式箱体应具有防雨雪、防凝露、防尘等功能。

3）箱体镀层牢固，漆面均匀，无剥落、锈蚀机裂痕等现象。

4）箱体表面平整，所有标牌、标记、文字符号应清晰、正确、整齐。

5）各种开关便于操作、灵活可靠。

6）户内UPS系统于箱体内的结构排布应按照图5-12所示方案，20kVA及以下容量建议采用方案1，20kVA以上容量建议采用方案2。

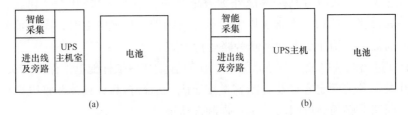

图5-12　户内UPS系统结构排布方案

（a）方案1；（b）方案2

（2）户外式箱体温度控制要求

1）标准型低温UPS。箱体应满足自身及箱内元器件的环境适应能力，满足冬奥会山地及平原地区的严寒使用需求。壳体采用保温及加热设计，并具备温度控制功能，确保UPS（含电池）在15～25℃的环境中工作，整体系统在赛区户外低温-25（空载时）～20℃（80%负载时）范围内正常工作。

2）极寒型低温UPS。加强箱体保温和加热性能，应满足冬奥会平原及山地场馆严寒环境下的安全供电需要，整体系统在-40（空载时）～10℃（80%负载时）极寒环境下应正常工作。

7.数据采集

（1）UPS应采集的信息。

1）电气量。交流输入电压、输出的电流及电压、整流器以及逆变器工作状态，电池的工作状态、剩余电量百分比等。

2）非电气量。

a.户内式。电池室环境温度、湿度、氢气浓度以及烟感的报警状态。

b.户外式。室外环境温度、恒温箱内电池室以及主机室的环境温度、湿度、氢气浓度、烟感的报警状态及箱内加热/散热系统运行状态，恒温箱的开门状态等。

c.电池状态监测。10kVA及以上UPS应具备电池状态在线监测功能，应能采集单节电池的端电压、内阻值、电池表面温度及电池组电流等数据。

（2）20kVA以上容量UPS需配置中文液晶显示屏，实现上述设备运行参数的实时监测，150kVA及以上容量UPS需配备智能监控系统，实现上述设备运行参数及状态的实时采集存储、在线监测及主动预警等功能。

8. 数据通信

设备应当具备采集进出线遥测值、遥信以及非电量监测数据的功能，当设备仅采集以上基本数据时则采用4G通信方式上传数据。

当设备增加拓扑自识别功能时，采用载波透传通信方式将设备的进出线遥测值、遥信、非电量监测数据、电缆连接关系等信息上传；载波模块采用22.61dBm信号发射功率，2M～12MHz的通信带宽，实现载波模块即插即用的可靠通信方式。

当设备增加电能质量监测功能时电能质量监测装置应使用独立的5G通信方式上传电能质量监测数据。

9. 可选功能

（1）自动拓扑识别与应用。重要地区应预留此功能扩展能力。能自动识别进线电缆、出线电缆与UPS的连接关系，并将此连接信息上传至信息系统后台，由信息系统后台据此实现低压供电系统拓扑结构的自动识别。基于电量信息采集和拓扑自动识别等功能，可辅助实现临电接入、拆除的智能化管理，同时实现对用户用电情况的实时监测。

（2）电能质量检测功能预留。箱体内部需预留足够安装电能质量监测装置的空间，其预留空间包括装置本体及附件所需空间。

（三）不间断电源（UPS）巡视内容

UPS巡视主要内容见表5-12。

表5-12　　　　　　　　　　UPS 巡 视 主 要 内 容

序号	检查类别	设备分类	调度号	巡视内容
1	资料检查	—	—	智能监测单元合格证及出厂试验报告、验收记录单（含主站）、光纤路由图、蓝图
2				0.4kV进出线保护定值配合正确性检查

序号	检查类别	设备分类	调度号	巡视内容
3	现场检查	智能监测单元	—	智能监测单元是否正常运行，有无报警信号
4				智能监测单元与 UPS 控制器接线、通信状态检查
5		UPS（主机及电池）	—	UPS 显示屏状态显示正确，无异常报警
6				UPS 工作状态与实际运行方式是否相符，指示灯显示是否正常
7				UPS 输出电压、频率显示是否正常
8				UPS 负荷电流显示是否正常，是否存在过载现象
9				电池开关是否投入，电池电压是否正常，充电电流是否正常
10		0.4kV 开关	进线	开关分、合闸位置是否正确，与实际运行方式是否相符，并在主站核对位置信号是否正确
11				调度号、路名标识是否齐全，是否正确
12				低压开关定值是否与定值单一致
13			出线	开关分、合闸位置是否正确，与实际运行方式是否相符，并在主站核对位置信号是否正确
14				调度号、路名标识是否齐全，是否正确
15				低压开关定值是否与定值单一致

五、预装式箱式变电站

（一）预装式箱式变电站简介

箱式变电站简称箱变，又称为预装式变电站或预装式变电站，一般安装于户外，是一种有外壳防护、可将 10kV 变换为 220V/380V，并分配电力的配电设施。箱式变电站内一般设有 10kV 开关、配电变压器、低压开关等装置，这些装置按一定接线方案在出厂前就被预制在一起，替代了原有的土建配电室，大大节省了设备所占空间。箱式变电站按功能可分为终端型和环网型。箱式变电站有欧式和美式两种类型。欧式箱变在我国应用比较普遍，因产品技术于 20 世纪70年代末就已从西欧引进我国，故称欧式箱变。欧式箱变的最大特点是组合，即将高压室、变压器室、低压室、电容器室、通信室等功能组合在一个外壳之中，并可对高低压元件、柜型、变压器型号作自由选择。美式箱变最近几年才进入我国，因产品技术发源于美国故称为美式箱变。美式箱变最大特点为一体化，高压元件，变压器均置于变压器油箱之中，低压配置也以壁挂式空气断路器为主，具有体积小、价格低、可靠性高的特点。

箱式变电站一般由高压室、变压器室、电容器室、电缆夹层、通信自动化室构成，设有箱体外壳、环网柜、配电变压器、低压开关柜、电容器、配电自动化终端（DTU）、电压互感器（T）、电流互感器（TA）、避雷器、照明设备、消防设施等设备。

（二）预装式箱式变电站技术要求

1.预装式配电室结构形式

（1）预装式配电室采用预装箱式结构，现场施工安装应方便快捷；应自带安装基础，基础不低于1000mm，便于在无预制混凝土基础底面的快速安装，便于临时用电工程现场高低压电缆的进出需要，对应开门位置需配步梯，便于操作和维护。

（2）预装式配电室可分为单箱结构或多箱结构，设计需遵循选址灵活、占地面积要小的原则，兼顾设备所必须的操作空间。因运输因素，可考虑多箱结构设计，现场进行拼接。

（3）预装式配电室内部设备布局可采用分隔式即采用固定挡板依据设备功能将设备进行分隔，划分成不同的独立隔室。

（4）设备应预留合理的空间，满足操作、维护要求。配电室前后都可开门，柜后维护空间可满足需求。

（5）箱体框架的墙壁与门体采用2mm厚覆铝锌板，底部采用14号槽钢作为箱体基础，内部预留串线孔，整体表面需进行除锈处理。箱体框架应有足够的机械强度，薄弱位置应增加加强筋。箱体采用底部吊装方式，在起吊、运输、安装中箱体不得变形。

（6）箱体外部镶嵌复合水泥装饰板，其应具备耐腐蚀、不褪色、无污染等特点，且装饰板的图案和颜色可选，装饰板的组合形式应新颖、丰富、美观。复合水泥装饰板的损坏不能影响设备的正常运行，能保证在不停电的情况下，更换方便快捷。

（7）箱体顶盖具有防雨、隔热、美观功能，可选用金属或非金属材质，由标准单元拼装而成，安装方便快捷。顶盖应有不小于5°的坡度，满足雨、雪的排除要求，并且还应有足够的机械强度，满足负重与吊装要求。顶盖与箱体应分体设计，方便运输。

（8）箱体应有可靠的防护性能，箱门、箱体拼接处应防尘、防水处理，整体防护等级不低于IP43。

（9）箱体宜采用自然通风及辅助强迫通风两种方式。自然通风即箱体壳体设有进、出风口，当变压器低负荷运行时，箱体通过内部产生的空气压差实现进风口进风、出风口出风；强迫通风即箱体内可装有智能排风系统，温感装置按规定温度自动启动和关闭风机，当变压器高负荷运行或自然通风无法满足散热需求时，风机自动启动，将热气强排出箱体。壳体温升级别为10K。

（10）依据标准，箱体进风口应设有F6以上级别的过滤网，可有效防止灰尘进入箱体内部，确保设备正常运行，延长设备的使用寿命。

（11）箱体内部应有防噪功能，预装式配电室整体噪声等级在45dB及以下。

（12）箱体底部采用管孔柔性封堵和防水隔板等，防止电缆沟湿气进入到箱体内部，形成凝露，影响设备正常运行。

（13）箱体内应设置专用接地母线，高、低压设备、底部槽钢、门应与接地导体可靠连接。接地母线应分别设有不少于2处与接地系统相连的端子，并应有明显的接地标志，接地端子所用螺栓直径应不小于12m，接地铜导体截面应不小于25mm^2。箱体壳体应预留与地网连接的连接点，连接点与箱体内专用接地母线连接。

（14）箱门应设置不易被破坏、侵害的电力公司专用锁（明锁）。

2.高压部分性能参数

设备规格：环网柜灭弧采用真空，绝缘采用干燥空气，采用不可扩展型。

（1）回路数及型式。

1）回路数。两进四出，分别为进线单元、变压器单元、环网（出线）单元。

2）型式。进线单元及环网（出线）单元采用负荷开关柜，变压器单元采用断路器柜。

（2）真空断路器环网柜。

1）分、合闸不同期不大于2ms。

2）合闸弹跳时间不大于2ms。

3）分闸反弹幅值不大于2mm。

4）操动机构的每一部件应为紧固结构，在必要部位使用防腐、防锈材料。整体的设计应使操作时产生的机械振动最小。如果弹簧未能完全储能，断路器不能合闸，应提供一个可观察的指示装置来表示弹簧的状态，为机械型。在机构里，应有一套紧急状况下的手动操作储能装置。弹簧储能完毕应有指示，并具有信号输出接点。

5）断路器柜配置测控装置，具备相间三段保护、零序两段保护功能。具备采集A、B、C三相和零序电流、断路器位置、隔离开关位置、地刀位置、远方/就地选择开关位置及远方控制功能。

6）断路器测控装置通过RS-485通信方式（Modbus规约）上传至DTU，并通过DTU上传至后台主站。

7）断路器的隔室门板上应设有紧急分闸按钮并具有防误碰措施，以实现断路器在工作位置时可机械紧急分闸并防止误碰。

（3）机械联锁。为保证环网开关设备操作人员的安全可靠，应具有可靠的电气和机械联锁，使之能按一定的程序操作，实现"五防"闭锁功能：防止误分误合断路器；防止带负荷分、合隔离开关；防止带电合接地开关；防止带接地送电；防止误入带电间隔。机构联锁及操作面板的设计和功能如下。

1）通过机械闭锁实现负荷开关/断路器处于合闸状态时，不能进行三工位开关操作。

2）负荷开关/断路器处于分闸状态时才能进行三工位隔离开关的合、分闸操作。

3）三工位开关、负荷开关/断路器均处于分闸状态、可以由负荷开关/断路器关合接地故障电流，也可以由带有短路关合能力的三工位开关直接关合。

（4）负荷开关柜进出线电缆室门与接地开关之间设有机械闭锁，只有接地开关处于接地位置时电缆室门方可打开，门打开后接地开关在接地状态下不能被操作。接地开关的机构操作孔处应具有可挂锁的锁鼻。

（5）负荷开关的机构操作孔处具有可挂锁的锁鼻。

（6）带电显示器（带核相插孔）按回路配置，应能满足电缆验电、试验、核相的要求。

（7）气箱材料为不锈钢。箱体设计满足具有防止故障所引发内部电弧造成箱外人员伤害的结构设计。

（8）环网柜提供型式试验报告及内部燃弧试验报告、断路器测控装置提供检测报告。

3.变压器部分性能参数

（1）额定空载损耗、负载损耗、空载电流及阻抗电压参数性能应满足S13系列要求。S13系列变压器性能参数见表5-13。

表5–13　　　　　　　　　　　　S13系列变压器性能参数

变压器型号	变压器容量/kVA	高压/kV	高压分接范围（%）	低压/kV	联结组标号	空载损耗/W	负载损耗/W	空载电流（%）	短路阻抗（/）
S13	800	10.5	±（2×2.5%）	0.4	Dyn11	700	7500	0.18	4.5±0.05

（2）变压器采用10kV油浸式S13–M或S13–MR系列无励磁调压全密封变压器，线圈连接组别Dyn11，低压侧优先考虑铜箔绕型。

（3）绝缘水平。工频耐压对地及相间为35kV，1min；雷电冲击耐压全波为75kV，截波为85kV；线圈绝缘的耐热等级为A、温升限值50K，顶层油温升45K，铁芯本体温升应不致使相邻绝缘材料损伤。

（4）噪声水平。500～1000kVA变压器噪声水平见表5–14，距离0.3m处应符合其中规定。

表5–14　　　　　　　　　　500～1000kVA变压器噪声水平

额定容量/kVA	声级/dB
500～1000	≤ 47

（5）变压器壳体全密封，装有带有过温过压报警接点的温控仪和压力释放装置，防爆孔不应面对维护人员。

（6）变压器高压断头采用肘型绝缘头，与开关之间的引线采用截面150mm²的10kV单芯交联聚乙烯铜电缆，电缆屏蔽层采用单端接地方式，接地点在开关侧。变压器低压端头与低压母线采用软连接方式，低压端头应装设绝缘罩，低压母线应绝缘封闭。

4.自动化部分性能参数

（1）配电自动化终端（DTU）满足以下要求。

1）预装式配电室内配置间隔式DTU，包含公共单元、间隔单元、电源管理单元，DTU公共单元具备间隔单元的三遥采集功能，其工作电源由电源管理单元提供。

2）通过DTU实现高压回路A、C相电流信号、零序电流信号（不含负荷开关熔断器组合单元）、负荷开关状态信号、接地刀位置信号、远方/就地信号、气室气体压力报警信号的数据采集及环网柜远方操作。

3）DTU工作电源取自低压母线，在电源回路上安装单级6A空气开关。

4）DTU电源板的瞬时输出功率不小于500W。

5）DTU具备2个网口，4个串口。

6）DTU蓄电池应采用4×12V，型号为A412/8.5SR，8.5Ah。

7）DTU应具备光纤通信与无线通信的自动转换功能。在正常通信时，优先采用光纤通信；在光纤通信异常时，自动转换为无线通信；在光纤通信恢复后，自动转换为光纤通信。

8）通信装置应与现场所具备通信方式相匹配，以太网交换机或光网络单元（ONU）一般安装在DTU屏内，与场馆现有光通信网络相匹配。DTU与通信设备的安装、调试均由预装式配电室厂家负责，建议在预装式配电室出厂前完成与自动化主站的预通信。自动化及有关监测功能的配置、调试、传动、通信等均由预装式配电室厂家负责。

9）ONU工作电源均取自DTU通信电源端子排DC24V（独立的空端子，禁止与其他混用）。

10）DTU提供型式试验报告、国网专项试验报告、国网信息安全检测报告、光纤与无线自动通信切换型式试验报告。

（2）低压柜内安装配电变压器监测终端。

1）通过配电变压器监测终端可与网络表通信，采集三相电流、三相电压（相电压或线电压）、馈电断路器三相电流以及掉闸报警接点引入，采用RS-485通信接口。

2）通过配电变压器监测终端实现低压开关柜的数据采集。

a.遥信。0.4kV系统低压主进、母联开关、发电机接入开关的状态、故障掉闸信号；馈线开关变位或故障掉闸报警信号分母线合发。

b.遥测。0.4kV系统电压、电流、有功、无功负荷及电量、功率因数、谐波含量，馈线柜上传电流值、故障掉闸报警信号。

3）配电变压器监测终端可采集变压器高温信号。

4）配电变压器监测终端具备与DTU的通信功能，采用RS-485通信接口。

5）配电变压器监测终端工作电源取自DTU，DC48V。

6）配电变压器监测终端提供型式试验报告。

5.环境监测

（1）预装式配电室内装设环境智能监控系统，实现对预装式配电室运行环境的监测，消防系统的监控，智能排风系统的监控、溢水报警系统的监控。

（2）环境监测控制终端接入环境温度信号、湿度信号、浸水信号、噪声信号、烟感信号、消防报警信号、进出风口过滤压差信号等。

（3）控制终端电源取自低压AC220V。

（4）环境终端通信接口为RS-485，并上传信号。

6. 气体灭火系统

（1）配电室内装设气体灭火系统，实现对配电室运行消防监测和火灾控制。

（2）气体灭火系统由光电传感器、储存容器、高压释放软管、高压传输管道、钢制喷嘴和气体灭火控制器组成。当设备发生火灾时光电传感器监测到后气体灭火系统可根据设置采取自动和手动方式进行灭火。

（3）气体灭火系统电源取自低压AC220V。

7. 安防监测

视频监控按照室内，室外空间位置、摄像头划分监控区域，实现现场图像的预览、搜索指定回放等主要功能，监视系统可对上传的视频信息进行相关处理，以确保视频的清晰、同步、稳定。建议室外实现视野360°覆盖，摄像头的安装不应影响开门角度。

（三）预装式箱式变电站巡视内容

预装式箱式变电站巡视内容见表5-15。

表5-15 预装式箱式变电站巡视内容

序号	检查类别	设备分类	调度号	巡视内容
1	资料检查	—	—	核查主要设备竣工验收记录单、设备合格证、技术图纸、使用说明书是否正确、完备
2				核查现场操作规程是否正确、完备
3				核查高压开关柜现场交接试验报告项目（外观检查、绝缘电阻、交流耐压、辅助回路和控制回路绝缘电阻）是否齐全，结果是否合格
4				核查变压器交接试验报告项目（外观检查、绕组绝缘电阻、交流耐压试验）是否齐全，结果是否合格；是否有北京电科院出具的入网检测报告
5				核查低压开关柜现场交接试验报告项目（外观检查、绝缘电阻、机械操作试验）是否齐全，结果是否合格

续表

序号	检查类别	设备分类	调度号	巡视内容
6	资料检查	—	—	DTU 合格证及出厂试验报告、验收记录单（含主站）、光纤路由图、蓝图
7				保护装置合格证及出厂试验报告、验收记录单（固有动作时间及整组动作时间应满足要求）、白图、蓝图
8				DTU 零序告警定值合理性检查
9				0.4kV 进出线保护定值配合正确性检查
10	现场抽查	10kV 开关柜	201	开关分、合闸位置是否正确，与实际运行方式是否相符，控制手把与指示灯位置对应，开关气体压力是否正常
11				柜门关闭是否正常
12				电缆终端是否接触良好，电缆终端相间和对地距离是否符合要求
13				接地装置是否良好，有无严重锈蚀、损坏
14				各种仪表、指示灯、带电显示器指示是否正常
15				调度号、路名标识是否齐全，是否正确、清晰
16				设备有无凝露，加热器或除湿装置是否处于良好状态
17				保护装置是否正常运行，有无报警信号
18				保护定值设置与定值单应一致
19				保护装置接地是否正确、保护压板是否正确投入
20				抽查保护装置采集的开关位置、地刀位置是否正常
21				调度号、路名标识是否齐全，是否正确
22				二次回路电缆截面、TA 一点接地、TV 一点接地、二次电缆牌及回路号、零序 TA 安装工艺（具备条件时）、接线质量及 TA 端子检查（具备条件时）
23				设备有无凝露现象

序号	检查类别	设备分类	调度号	巡视内容
24	现场抽查	配电变压器	1号变压器	变压器各部件接点接触是否良好，有无过热变色、烧熔现象，示温片是否熔化脱落
25				变压器套管是否清洁，有无裂纹、击穿、烧损和严重污秽，瓷套裙边损伤面积不应超过 100mm^2
26				配变外壳有无脱漆、锈蚀，焊口有无裂纹
27				变压器有无异声、异味，是否存在重载、过载现象
28				各种标识是否齐全、清晰，铭牌及其警告牌和编号等其他标识是否完好
29				变压器台架高度是否符合规定，有无锈蚀、倾斜、下沉
30				变压器隔室门关闭是否正常
31				引线是否松弛，绝缘是否良好，相间或对构件的距离是否符合规定，对工作人员有无触电危险
32				温度控制器（如有）显示是否异常
33				各部位密封圈（垫）有无老化、开裂，缝隙有无渗、漏油现象，配电变压器外壳有无脱漆、锈蚀，焊口有无裂纹、渗油
34				变压器油温、油色、油面是否正常，有无异声、异味
35	现场抽查	配电变压器	2号变压器	变压器各部件接点接触是否良好，有无过热变色、烧熔现象，示温片是否熔化脱落
36				变压器套管是否清洁，有无裂纹、击穿、烧损和严重污秽，瓷套裙边损伤面积不应超过 100mm^2
37				配电变压器外壳有无脱漆、锈蚀，焊口有无裂纹
38				变压器有无异声、异味，是否存在重载、过载现象
39				各种标识是否齐全、清晰，铭牌及其警告牌和编号等其他标识是否完好

续表

序号	检查类别	设备分类	调度号	巡视内容
40	现场抽查	配电变压器	2号变压器	变压器台架高度是否符合规定，有无锈蚀、倾斜、下沉
41				变压器隔室门关闭是否正常
42				引线是否松弛，绝缘是否良好，相间或对构件的距离是否符合规定，对工作人员有无触电危险
43				温度控制器（如有）显示是否异常
44				各部位密封圈（垫）有无老化、开裂，缝隙有无渗、漏油现象，配电变压器外壳有无脱漆、锈蚀，焊口有无裂纹、渗油
45				变压器油温、油色、油面是否正常，有无异声、异味
46		0.4kV开关柜	401（框架开关）	开关分、合闸位置是否正确，与实际运行方式是否相符，控制把手与指示灯位置是否对应
47				柜门关闭是否正常
48				开关柜间隔有无异音
49				接地是否良好，有无严重锈蚀、损坏
50				各种仪表、指示灯显示是否正常
51				调度号、路名标识是否齐全，是否正确
52			410（电容器间隔）	开关分、合闸位置是否正确，与实际运行方式是否相符，控制把手与指示灯位置是否对应
53				柜门关闭是否正常
54				开关柜间隔有无异音
55				开关柜内电缆终端是否接触良好
56				各种仪表、指示灯显示是否正常
57				调度号、路名标识是否齐全，是否正确
58				柜内电容器有无鼓肚、漏液现象，投入是否正常

序号	检查类别	设备分类	调度号	巡视内容
59				多功能网络表的显示检查
60				DTU与多功能网络表的通信状态及遥信、遥测的数据正确性检查
61				低压开关定值是否与下级设备进线容量匹配
62		0.4kV开关柜	411（馈线路间隔）	开关分、合闸位置是否正确，与实际运行方式是否相符，控制把手与指示灯位置是否对应
63				柜门关闭是否正常
64				开关柜间隔有无异音
65				接地是否良好，有无严重锈蚀、损坏
66				各种仪表、指示灯显示是否正常
67				调度号、路名标识是否齐全，是否正确
68	现场抽查		低压开关二次	多功能网络表的显示检查
69				DTU与多功能网络表的通信状态及遥信、遥测的数据正确性检查
70				低压开关定值是否与下级设备进线容量匹配
71		箱体	外观	箱体外观有无破损
72			模拟图板	一次接线图是否和实际设备相符
73			照明、通风	照明、通风等装置是否运行正常
74		DTU	—	参数检查主要包括：蓄电池活化参数、DTU告警参数、DTU运行参数（主要包含防抖、死区、变比等）设置检查以及合理性检查
75				本体检查：指示灯指示正确性检查、装置运行状态检查、交换机电源及接地检查、DTU接地及后备电源检查、DTU压板、直流系统检查（若有）

续表

序号	检查类别	设备分类	调度号	巡视内容
76	现场抽查	DTU	—	安全防护：检查DTU硬加密、DTU端口关闭情况、交换机设置
77				回路检查主要包括：二次回路电缆截面、TA一点接地、TV一点接地、二次电缆牌及回路号、零序TA安装工艺（具备条件时）、接线质量及TA端子检查（具备条件时）
78				遥测核对：DTU就地显示的电压、电流与配电主站核对应一致
79				遥信核对：开关位置、地刀位置、开关远方就地、DTU远方就地等核对
80				遥控核对：备用间隔遥控测试，先合后分
81	现场实测	—	—	针对变压器开展红外等状态检测工作
82				针对开关柜现场开展超声波、暂态地电压等状态检测工作

第三节 临时供电工程施工

临时供电基建工程是一项复杂化的工程，在施工过程中应全面提升基建工程的整体质量。本节介绍设备基础施工以及终端箱、电缆等不同设备安装过程中需要注意的技术问题。

一、临时供电工程施工总体要求

1. 隐蔽工程施工要求

工程承包商应在自检合格的基础上报监理项目部验收，未经验收合格，不得进入下道工序施工。

2. 土建施工方面要求

土方开挖应做好排水、降水措施，按照放坡要求开挖；沟、坑结构轴线、标高符合要求，基底平整密实、无积水，排水坡度正确；电缆埋管深度符合要求，预留管必须封盖，防止堵塞；模板必须有足够的刚度、强度和稳定性；钢筋制作安装符合规范要求，按图施工；混凝土施工必须采用机械震捣，现浇混凝土地面应避免空鼓、脱皮、起砂现象；设备基础的平面几何尺寸、标高、预留螺栓（孔）或直埋螺栓偏差在允许范围内；砌体工程应砂浆饱满，上下错缝，不得出现通缝现象；抹灰施工必须黏结牢固，无脱层、空鼓现象；电缆沟压顶及沟盖板平整顺直，铺设稳固无响动，钢制的沟道盖板规格尺寸等符合设计要求。

3.施工过程记录及报告要求

严格按图施工，履行变更手续，编制施工方案，并按规定进行审核和交底；主要原材料出厂合格证、检验报告齐全、有效；施工记录应完整、准确、及时、有效，按公司统一的记录表格填写；质量控制、隐蔽工程验收资料及施工记录签名齐全、签证及时；顶管施工必须有通管隐蔽记录。

4.配网工程电气设备质量管理要求

电气安装主要设备、材料有出厂合格证明，按规定复检；设备开箱检查、验收、保管记录资料完整、准确、及时、有效；设备缺陷报告处理记录真实、完整，仪器、仪表必须经具备相应资质的计量单位检验合格，并在有效期内使用；电气安装工程记录和隐蔽工程记录完整、准确、及时、有效，符合相关规定；变压器安装稳固，进出线及附件安装符合设计要求；变压器中性点接地线与主地网独立连接；开关分、合闸动作到位，指示准确；门锁装置正确可靠；手车开关推、拉灵活到位，动静触头中心偏差符合要求，刀闸接触到位；开关柜防小动物措施符合要求；开关柜高压熔断器安装方向正确；开关柜气压表指示在正常范围；互感器安装接线符合要求；硬母线、接线端子安装符合规范要求，连接可靠、接触良好，搭接面无氧化层，涂有电力复合脂；低压插接母线与变压器之间可靠连接、有裕度，无外加应力；靠地网接地电阻满足设计要求；地网焊接部位应涂防腐油漆，地面以上部分用黄绿色漆相间标识；设备名称、编号标识正确齐全，相序、相色标识正确清晰。

5.电力电缆安装质量要求

使用牵引机、地滑轮、钢丝绳盘等施工机具应设置合理，牢固可靠；电缆牵引时必须有可靠制动措施，保持通信联络畅通；电缆支架安装稳固可靠，金属支架接地符合规范要求；电缆弯曲半径符合规定要求；电缆端子及接线管压接规范，表面打磨光滑；终端头端子与设备连接处搭接面接触良好、牢固可靠；防火、防小动物措施规范齐全；电缆相序与接入系统相位对应，相色标识正确清晰。

二、设备基础

（一）箱式变电站基础

1.测量定位

（1）按设计图纸校核现场地形，确定设备基础中心桩。

（2）基础底板应按照设计的尺寸和坑深，考虑不同土质的边坡与操作宽度，对基坑进行地面放样（一般用白粉划线，并沿白粉线挖深100～150mm）。

2.基础开挖

（1）检查设备基础坑。

1）中心桩、控制桩是否完好。

2）基坑坑口的几何尺寸符合标准。

3）核对地表土质、水情，并判断地下水位状态和相关管线走向。

（2）按设计施工要求，先降低基面后，再进行基坑的开挖，对于降基量较小的，可与基坑开挖同时完成。

（3）每开挖1m左右即应检查边坡的斜度，随时纠正偏差。设备基坑深度允许偏差为−50～+100mm；同一基坑深度应在允许偏差范围内，并进行基础操平。岩石基坑不允许有负误差。实际坑深偏差超深100mm以上时，应采取现浇基础坑，其超深部分应采用铺石灌浆处理，同时夯实平整基坑底面。

（4）开挖时，应尽量做到坑底平整。基坑挖好后，应及时进行下道工序的施工。如不能立即进行，应预留150～300mm的土层，在铺石灌浆时或基础施工前再进行开挖。

3.基础浇筑

（1）施工中应排除积水，清除淤泥，疏干坑底。

（2）现浇基础几何尺寸准确，棱角顺直，回填土分层夯实并留有防沉层。

（3）灌注桩基础宜使用商品混凝土，桩基检测报告内容详尽。

（4）浇筑混凝土应采用机械搅拌，机械振捣，混凝土振捣宜采用插入式振捣器。

（5）浇筑后，应在12h内开始浇水养护；对普通硅酸盐和矿渣硅酸盐水泥拌制的混凝土浇水养护，不得少于7天；有添加剂的混凝土养护不得少于14天。

（6）拆模养护时，非承重构件的混凝土强度达到1.2MPa且构件不缺棱掉角，方可拆除模板。

（7）日平均温度低于5℃时，不得浇水养护。在低于5℃的气温下施工时，应有保证质量的有效措施。

（8）铁件预埋应先预埋锚固钢筋，再焊上固定槽钢框。箱、柜基础预留铁件水平误差小于1mm/m、全长水平误差小于5mm。不直度误差小于1mm/m、全长不直度误差小于5mm。位置误差及不平行度全长小于5mm，切口应无卷边、毛刺。焊口应饱满，无虚焊现象。电缆固定支架高低偏差不大于5mm，支架应焊接牢固，无显著变形。

4. 防腐处理

（1）预埋铁件及支架刷防锈漆，涂漆前应将焊接药皮去除干净，漆层涂刷均匀，无露点，对于电缆固定支架焊接处应进行面漆补刷。

（2）位于湿热、盐雾以及有化学腐蚀地区时，应根据设计做特殊的防腐处理。

5. 管沟预埋

（1）预埋件应采用有效的焊接固定。预埋件焊接完成后，应进行焊渣清理，并检查焊缝质量。

（2）预埋件外露部分及镀锌材料的焊接部分应及时做好防腐措施。

（3）电缆沟（夹层）盖板齐全、平整。电缆沟（夹层）人孔下应设集水坑，应安装自启动排水装置，排水管路应与站内生活排水管路分离，直接接入市政排水设施。

（4）所有电缆沟（夹层）的出（入）口处，应预埋电缆管。

（5）电缆敷设完毕后需对所有管孔进行封堵，应选用柔性封堵材料（如橡胶法兰等），封堵位置为站内出站预埋电缆管及站外首井进站预埋电缆管侧。

6. 防水防潮

（1）电缆夹层防水等级Ⅱ级，所有进入建筑物的管道、埋管穿墙处均做止水钢板或其他可靠止水措施，电缆敷设完毕后，管口防水封堵。

（2）电缆夹层应安装溢水报警装置，安装在距地面最低点10cm处。

（二）终端箱基础

终端箱基础施工需满足下列基本要求。

（1）现场检查建筑主体位置符合图纸设计、规划审批、标高、检修通道应符合配电土建设计要求。

（2）电力设施建筑物的混凝土结构抗震等级，应根据设防烈度、结构类型和框架、抗震墙高度确定，并按规范要求执行。地面及楼面的承载力应满足电气设备动、静荷载的要求。

（3）地面平整，墙体、顶面无开裂、无渗漏。

（4）室内标高不得低于所处地理位置居民楼一楼的室内标高，室内外地坪高差应大于0.35m。户外时基础应高出路面0.2m，基础应采用整体浇筑，内外做防水处理。位于负一层时设备基础应抬高1m以上。

三、终端箱安装

终端箱安装需满足下列基本要求。

（1）安装时，型钢基础应稳固；箱（柜）内各部件应固定牢固。

（2）保护接地应牢固。

（3）电缆按设计规范在指定通道敷设，电缆两端应整线对线，悬挂体现电缆编号、起点、终点与规格的电缆标识。接线要求可靠、整齐、美观。

（4）终端安装时，根据设计确定柜的位置；柜体采用螺栓固定，且紧固螺栓完好、齐全，表面采用镀锌处理；柜体安装垂直度偏差应小于1.5mm/m。

（5）采取绝缘措施，防止蓄电池等交直流电源设备短路。

（6）终端柜内应做好防水防潮封堵。

四、电缆本体敷设

（一）一般要求

（1）电缆敷设的路径、土建设施（电缆沟、电缆隧道、排管、交叉跨越管道等）及埋设深度、宽度、弯曲半径等符合设计和规程要求。电缆通道畅通，排水良好。金属部分的防腐措施符合要求，防腐层完整。隧道内通风符合要求，新建隧道应有通风口，隧道本体不应有渗漏。

（2）电缆型号、电压、规格应符合设计要求。

（3）电缆盘外观应无损伤，电缆外皮表面无损伤，电缆内外封头密封良好，当对电缆的外观和密封状态有怀疑时，应进行潮湿判断。

（4）电缆放线架应放置稳妥，钢轴的强度和长度应与电缆盘重量和宽度相配合，电缆盘有可靠的制动措施。敷设电缆的机具应检查并调试正常。

（5）敷设前应按设计和实际路径计算每根电缆的长度，合理安排每盘电缆，减少电缆接头。应避免把中间接头设置在交叉路口、建筑物门口、与其他管线交叉处或通道狭窄处。

（6）在带电区域内敷设电缆，应有可靠的安全措施。

（7）采用机械牵引方法敷设电缆时，敷设前要进行牵引力计算，牵引时应在牵引头处连接拉力表以保证牵引力不超过允许值；牵引机和导向机构应试验完好，尽量采用牵引线芯的方式。

（二）其他要求

（1）电缆敷设时，不应损坏电缆沟、隧道、电缆井和人井的防水层。

（2）三相四线制系统中应采用四芯电力电缆，不应采用三芯电缆另加一根单芯电缆或以导线、电缆金属护套作中性线。

（3）并联使用的电力电缆其长度、型号、规格宜相同，应对称布置。

（4）电力电缆在终端头附近宜留有备用长度，备用电缆长度以够制作一个相应终端长度为宜。

（5）架空电缆悬吊点或固定的间距，应符合表5-16所列值。

表5-16   普通支架（臂式支架）、吊架的允许跨距   （mm）

电缆特征	敷设方式	
	水平	垂直
未含金属套、铠装的全塑小截面电缆	400*	1000
除上述情况外的 10kV、0.4kV 电缆	800	1500

* 维持电缆较平直时，该值可增加1倍。

（6）厂家没有具体最小弯曲半径规定的电缆的最小弯曲半径应符合表5-17中的规定，厂家有规定的按照电缆厂家的规定执行。

表5-17   电 缆 最 小 弯 曲 半 径

项目	10kV 及以下的电缆			
	单芯电缆		三芯电缆	
	无铠装	有铠装	无铠装	有铠装
敷设时	20D	15D	15D	12D
运行时	15D	12D	12D	10D

注 D表示成品电缆标称外径；非本表范围电缆的最小弯曲半径按制造提供的技术资料的规定。

（7）电缆敷设时，电缆应从盘的上端引出，不应使电缆在支架上及地面摩擦拖拉。电缆上不得有铠装压扁、电缆绞拧、护层折裂等未消除的机械损伤。

（8）用机械敷设电缆时的最大牵引强度应符合表5-18中的规定。

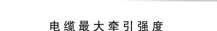

表5–18　　　　　　　　　　　　　电 缆 最 大 牵 引 强 度　　　　　　　　　（N/mm²）

牵引方式	牵引头	钢丝网套	
受力部位	铜芯	铝套	塑料护套
允许牵引强度	70	40	7

（9）机械敷设电缆的速度不宜超过15m/min。

（10）在复杂的条件下用机械敷设大截面电缆时，应进行施工组织设计，确定敷设方法、线盘架设位置、电缆牵引方向，校核牵引力和侧压力，配备敷设人员和机具。

（11）机械敷设电缆时，应在牵引头或钢丝网套与牵引钢缆之间装设防捻器。

（12）敷设电缆时，电缆允许敷设最低温度，在敷设前24h内的平均温度以及敷设现场的温度不应低于表5–19中的规定；当温度低于表5–19规定值时，应采取措施。生产厂家有特殊要求的按照厂家要求执行。

表5–19　　　　　　　　　　　　电缆允许敷设最低温度　　　　　　　　　　　（℃）

电缆类型	电缆结构	允许敷设最低温度
裸铅套橡皮绝缘电力电缆	橡皮或聚氯乙烯护套	−15
	裸铅套	−20
	铅护套钢带铠装	−7
塑料绝缘电力电缆	—	0

（13）电力电缆接头的布置应符合下列要求。

1）并列敷设的电缆，其接头的位置宜相互错开。

2）电缆明敷时的接头应用接头托架托置并与支架固定。

3）直埋电缆接头应有防止机械损伤的保护结构或外设保护盒。

（14）电缆敷设时应排列整齐，不宜交叉，加以固定，并及时装设标志牌。

（15）沿电气化铁路或有电气化铁路通过的桥梁上明敷电缆的金属护层或电缆金属管道，应沿其全长与金属支架或桥梁的金属构件绝缘。

（16）电缆进入电缆沟、隧道、竖井、建筑物、盘（柜）以及穿入管时，出入口应封闭，管口应密封。

（17）在封堵电缆孔洞时，封堵应严实可靠，不应有明显的裂缝和可见的孔隙，堵体表面平整，孔洞较大者应加耐火衬板后再进行封堵。

五、电缆附件安装

电缆附件安装需满足下列基本要求。

（1）电缆终端与接头的制作应由经过培训的熟悉工艺的人员进行。

（2）电缆终端及接头制作时，应严格遵守制作工艺规程。三芯电缆在电缆的中间接头处，电缆的铠装、金属屏蔽层应各自有良好的电气连接并相互绝缘；在电缆的终端头处，电缆的铠装、金属屏蔽层应分别引出接地线并应良好接地。

（3）在室外制作10kV电缆终端与接头时，其环境温度不应低于5℃、空气相对湿度宜为70%及以下；当湿度较大时，可提高环境温度或加热电缆。制作塑料绝缘电力电缆终端与接头时，应防止尘埃、杂物落入绝缘内。严禁在雾或雨中施工。在室内施工现场应备有消防器材。室内或隧道中施工应有临时电源。

（4）电缆终端与接头应符合下列要求：①形式、规格应与电缆类型，如电压、芯数、截面、护层结构和环境要求一致；②结构应简单、紧凑，便于安装；③所用材料、部件应符合国家相应技术标准和技术条件要求。

（5）采用的附加绝缘材料除电气性能应满足要求外，尚应与电缆本体绝缘具有相容性。两种材料的硬度、膨胀系数、抗张强度和断裂伸长率等物理性能指标应接近。橡塑绝缘电缆应采用弹性大、黏接性能好的材料作为附加绝缘。

（6）电缆线芯连接金具，应采用符合标准的连接管和接线端子，其内径应与电缆线芯匹配，间隙不应过大，符合相关国家标准要求；截面宜为线芯截面的1.2～1.5倍。采用压接时，压接钳和模具应符合规格要求。

（7）制作电缆终端和接头前，应熟悉安装工艺资料，做好检查，并符合下列要求：①电缆绝缘状况良好，无受潮进水；②附件规格应与电缆一致，零部件应齐全无损伤，绝缘材料不得受潮，密封材料不得失效；③施工用机具齐全、便于操作、状况清洁、消耗材料齐备，清洁塑料绝缘表面的溶剂宜遵循工艺导则准备；④必要时应进行试装配。

（8）电力电缆接地线应采用铜绞线或镀锡铜编织线与电缆屏蔽层的连接，其截面面积不应小于25mm^2。对于铜线屏蔽的电缆，应用原铜线绞合后引出作为接地线。

（9）电缆终端与电气装置的连接，应符合现行国家标准《电气装置安装工程　母线装置施工及验收规范》（GB 50149—2010）的有关规定。

六、电缆固定

（一）10kV电缆固定

10kV电缆固定技术方式主要包括支撑、悬吊和卡抱，需满足下列基本要求。

（1）固定金具应进行防腐处理（铝制品除外），一般采用热浸锌方式进行。

（2）固定金具表面光滑无毛刺，满足所需的承载能力，符合工程防火要求。

（3）固定金具应可靠接地。

（4）电缆垂直敷设时，其固定间距不大于1500mm。

（5）电缆倾斜敷设时，若角度超过30°，应在电缆每个支架上固定；角度为10°～30°时，应每隔1个支架进行固定。

（6）电缆水平敷设时，其支撑间距不大于1000mm，当对电缆间距有要求时，每隔5～10m处应固定。

（7）电缆转弯敷设时，电缆两侧平直段约500mm处应固定，固定位置满足电缆弯曲半径要求。

（8）中间接头采用托架支撑，再通过支撑或悬吊方式对托架进行固定；接头两侧向外200～1000mm处应进行固定，保证中间接头处于平直状态。

（9）固定金具与电缆之间应有不小于5mm的橡塑缓冲垫。

（10）单芯电缆的固定金具不应构成闭合磁路，固定金具、固定要求以设计为准。

（二）0.4kV电缆固定

0.4kV电缆固定技术方式主要包括支撑、悬吊和卡抱，需满足下列基本要求。

（1）电缆垂直敷设时，其固定间距不大于1000mm。

（2）电缆倾斜敷设时，若角度超过30°，应在电缆每个支架上固定；角度为10°～30°时，应每隔1个支架进行固定。

（3）电缆水平敷设时，其支撑间距不大于1000mm，当对电缆间距有要求时，每隔5～10m处应固定。

（4）电缆转弯敷设时，电缆两侧平直段约500mm处应固定，固定位置满足电缆弯曲半径要求。

（5）固定金具与电缆之间应有不小于5mm的橡塑缓冲垫。

（6）单芯电缆的固定金具不应构成闭合磁路。

七、橡胶马道

橡胶马道安装需满足下列基本要求。

（1）橡胶马道平整无扭曲变形，内壁无毛刺，接缝处紧密平直，各种附件齐全。

（2）橡胶马道连接口处应平整，接缝处紧密平直，槽盖装上应平整，无翘角，出线口位置正确。

（3）橡胶马道经过变形缝时，橡胶马道本身应断开，橡胶马道内用连接板连接，不得固定。

（4）非金属橡胶马道所有非导电部分均应相应连接和跨接，使之成为一个整体，并做好整体连接。

（5）敷设在竖井内的橡胶马道和穿越不同防火区的橡胶马道，应按设计要求位置设防火隔堵措施。

（6）直线端的钢制橡胶马道长度超过30m加伸缩节，电缆橡胶马道跨变形缝处设补偿装置。

（7）金属电缆橡胶马道间及其支架全长应不小于2处与接地（PE）或接零（PEN）干线相连接。

八、防雷与接地

在防雷与接地方面需满足下列基本要求。

（1）在各个支架和设备位置处，应将接地支线引出地面，支架及支架预埋件焊接要求同管沟预埋。所有电气设备底脚螺丝、构架、电缆支架和预埋铁件等均应可靠接地。各设备接地引出线应与主接地网可靠连接。

（2）接地引线应按规定涂以标识，便于接线人员区分主接地网和避雷网。

（3）接地线引出建筑物内的外墙处应设置接地标志。室内接地线距地面高度不小于0.3m，距墙面距离不小于10mm。接地引上线与设备连接点应不少于2个。

第四节　临时供电工程验收

临时供电工程的验收作为投入运行前的设备及施工质量把关环节，应对工程投运后的安全稳定运行十分重要。本节介绍临时供电工程的验收总则以及基础、接地装置、电缆线路验收需要注意的技术问题。

一、临时供电工程验收总则

典型临时供电工程验收需遵循以下原则。

（1）所有进入施工现场用于工程建设的设备、材料等应经过检验，所携带的质量证明文件齐全有效，物品实体经检查验收合格后方可用于工程中。

（2）隐蔽工程应按施工阶段进行中间验收并做好阶段性验收记录。检查内容包括品种、规格、位置、标高、弯度、连接、跨接地线、防腐、需焊接部位的焊接质量、管盒固定、管口处理、敷设情况、保护层及与其他管线的位置关系等。

（3）施工单位施工完成后，在自检合格的基础上，向监理单位申请竣工预验收。监理单位验收合格后，由工程组织部门向运维管理单位提请正式验收。正式验收合格后，各方人员签署验收意见。

二、基础验收

在设备基础验收时，应按下列要求进行检查。

（1）施工图纸及技术资料齐全无误。

（2）土建工程基本施工完毕，标高、尺寸、结构及预埋件焊件强度均符合设计要求。

（3）应对设备基础进行水平测量验收，并对埋入基础的电缆导管的进、出线预留孔及相关预埋件进行检查。

（4）电缆从基础下进入电气设备时应有足够的弯曲半径，并在弯曲后能够垂直进入设备。

（5）在电气设备下方及预埋管进出口封堵严密。

三、接地装置验收

在接地装置验收时，应按下列要求进行检查。

（1）材料的质量符合设计要求；接地装置的接地电阻值必须符合设计要求。

（2）接至电气设备、器具和可拆卸的其他非带电金属部件接地的分支线，必须直接与接地干线相连，严禁串联连接。

（3）接地（接零）线敷设要求。

1）平直、牢固，固定点间距均匀，跨越建筑物变形缝有补偿装置，穿墙有保护管，油漆防腐完整。

2）焊接连接的焊缝平整、饱满，无明显气孔、咬肉等缺陷；螺栓连接紧密、牢固，有防松措施。

（4）接地体安装。位置正确，连接牢固，接地体埋设深度距地面不小于
0.6m。隐蔽工程记录齐全、准确。

（5）允许偏差项目。

1）搭接长度不小于2b；圆钢不小于6D；圆钢和扁钢不小于6D（b为扁钢
宽度；D为圆钢直径）。

2）扁钢搭接焊接3个棱边，圆钢焊接双面。

四、电缆线路验收

在电缆线路工程验收时，应按下列要求进行检查。

（1）电缆型号规格应符合设计规定；排列整齐，无机械损伤；标识牌应装
设齐全、正确、清晰。

（2）电缆的固定、弯曲半径、有关距离和单芯电力电缆的金属护层的接线、
相序排列等应符合设计要求。

（3）电缆终端的相位标记应正确。电缆接线端子与所接设备端子应接触
良好。

（4）电缆线路所有应接地的接点应与接地极接触良好，接地电阻应符合
设计。

（5）电缆支架等金属部件防腐层应完好。有防水、防火要求的电缆管口封
堵应严密。

（6）电缆隧道内应无杂物，照明、通风、排水、防火等设施应符合设计。

（7）直埋电缆路径标志应与实际路径相符。路径标志应清晰、牢固。

（8）措施应符合设计，且施工质量合格。

（9）在电缆线路工程验收时，应提交下列资料和技术文件。

1）电缆线路路径的协议文件。

2）设计图纸、电缆清册、变更设计的证明文件和竣工测量资料等竣工
资料。

3）直埋电缆线路的敷设位置图，比例宜为1：500。地下管线密集的地段
不应小于1：100，在管线稀少、地形简单的地段可为1：1000；平行敷设的电
缆线路，宜合用一张图纸。图上必须标明各线路的相对位置，并有标明地下管
线的断面图。

4）制造厂提供的产品说明书、试验记录、合格证件及安装图纸等技术
文件。

5）电缆线路的原始记录应包括电缆的型号、规格及其实际敷设总长度及

分段长度，电缆终端和接头的型式及安装日期。

6）电缆线路的施工记录应包括隐蔽工程中间过程验收检查记录或签证，电缆敷设记录，电缆线路质量检验及评定记录，电缆终端和接头制作记录。

7）电缆线路的试验报告。

第五节　临时供电工程典型方案

临时供电工程的设计与建设需要根据大型活动具体负荷及不同场景的用电需求，结合电源情况进行综合优化实施。为了便于临时用电工程的整体设计，更好地满足用电需求，按照不同功能将临电工程分为模块。本节以大型活动常见的典型场景为例，针对不同用电需求介绍安保、消防、测试赛转播、餐饮、临时办公、临时箱变、奥运会实况转播等7种用电场景的临时供电典型方案。

一、临时用电负荷分析

（一）安保模块

安保模块用于人员和车辆的安检录入及现场安全的保障，包括安检大棚、治安岗亭、安检人员备勤室；主要用电设备包括照明灯具、安检机、安检门、空调、安保箱、监控摄像头。安检模块定义为重要低压负荷，供电方式建议为双路市电（一主一备）。

（二）消防模块

消防模块用于场馆及周边区域的消防应急，包括消防大棚、消防值班室、值班调度室、司机休息室；主要用电设备包括照明灯具、空调。消防模块定义为普通低压负荷，供电方式建议为单路市电。

（三）测试赛转播模块

测试赛转播模块用于场馆测试赛期间转播车及转播人员工作用房的供电，主要包括电视转播车，值班工作间等，主要用电设备为电视转播车2台，一用一备。测试赛转播模块定义为重要低压负荷，供电方式建议为双路市电（一主一备）。

（四）餐饮模块

餐饮模块用于提供场地的餐饮服务，包括餐饮集装箱、微波加热隧道、临时售卖亭；主要用电设备为微波加热设备、热水器、冰箱、电磁炉、照明节能灯、空调。餐饮模块定义为普通低压负荷，供电方式建议为单路市电。

（五）临时办公模块

临时办公模块用于提供运动员观众及后勤保障人员办公休息服务，包括注册中心、观众信息亭、执勤岗亭、电瓶车充电点、纪念品临时展厅等功能性板房，临时大棚等。临时办公模块定义为普通低压负荷，供电方式建议为单路市电。

（六）临时箱变模块

临时箱变模块用于在竞赛场馆和非竞赛场馆永久配电室无法提供临时供电电源的情况下，按照满足最大低压供电半径的条件下新建临时箱变，为如北京2022年冬奥会通常性辅助设施供电临时负荷提供低压电源。单体模块包括630kVA箱变2台及单环网架结构的外电源。10kV网架采用单环网供电。

（七）奥运会实况转播（OBS）模块

奥运会实况转播（OBS）模块用于在大型活动场馆周边设置OBS区域，OBS转播区临时低压用电设备为电光和动力设备。OBS转播区箱变及外电源模块定义为特别重要及敏感低压负荷，如北京2022年冬奥会组委会要求为双路市电＋双倍发电机＋UPS供电，电力公司推荐为双路市电＋单倍发电机＋UPS供电。

二、临时供电工程案例分析

（一）安保模块典型供电方案

安保模块为重要低压负荷，推荐供电方式为双路市电（一主一备）＋ATS装置。

自永久配电室（临时箱变）不同低压母线引双回低压电缆先至两个低压 π 接箱，再由两个低压 π 接箱各引两回低压电缆分别至安保区2台ATS配电箱。ATS配电箱开关下口为建设和保障分界点。安保区各低压回路由运行方自引接至ATS配电箱。安保模块系统接线如图5-13所示，材料见表5-20。

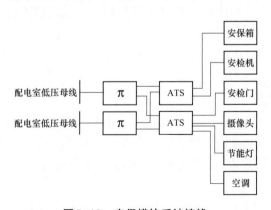

图5-13　安保模块系统接线

表5-20　　　　　　　　　　　　安 保 模 块 材 料

序号	名称	型号规格	单位	数量	备注
1	低压电缆分支箱	1 进 5 出	台	2	π 接箱
2	ATS 箱	100A	台	2	—
3	安保箱	—	台	6	
4	低压电缆	ZRC–XEF–0.6/1kV–1×150	m	600	含终端头 20 套
5		ZRC–XEF–0.6/1kV–5×35	m	400	含终端头 8 套
6		ZRC–XEF–0.6/1kV–3×10	m	480	含终端头 12 套
7	橡胶绝缘马道	2 孔	块	200	
8		4 孔	块	420	

（二）消防模块典型供电方案

消防模块为普通低压负荷，推荐采用单路市电模式。

在临时消防站附近低压 π 接箱各引单回低压电缆至消防模块终端配电箱。终端配电箱开关下口为建设和保障分界点。临时消防站各低压回路由运行方自行引接至终端配电箱。消防模块系统接线如图5-14所示，材料见表5-21。

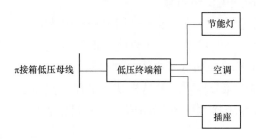

图5-14　消防模块系统接线

表5-21　　　　　　　　　　　　消 防 模 块 材 料

序号	名称	型号规格	单位	数量	备注
1	低压电缆终端箱	B 型	台	1	
2	低压电缆	ZRC–XEF–0.6/1kV–5×35	m	200	
3	电缆终端头		套	2	
4	橡胶绝缘马道	2 孔	块	200	

（三）测试赛转播模块典型供电方案

测试赛转播模块为普通低压负荷，推荐采用单路市电模式。

在转播区域附近低压 π 接箱各引单回低压电缆至测试赛转播模块终端配电箱。终端配电箱开关下口为建设和保障分界点。测试赛转播各低压回路由运行方自行引接至终端配电箱。测试赛转播模块系统接线如图5-15所示，材料见表5-22。

π接箱低压母线 ——— 低压终端箱 ——— 电视转播车

图5-15　测试赛转播模块系统接线

表5-22　　　　　　　　　　测试赛转播模块材料

序号	名称	型号规格	单位	数量	备注
1	ATS箱	200A	台	1	
2	低压电缆	ZRC-XEF-0.6/1kV-5×50	m	400	
3	电缆终端头		套	4	
4	橡胶绝缘马道	2孔	块	400	

（四）餐饮模块典型供电方案

餐饮模块为普通低压负荷，推荐采用单路市电模式。

自永久配电室（临时箱变）低压母线引低压电缆先至两个低压 π 接箱，再由两个低压 π 接箱各引两回低压电缆分别至餐饮模块终端配电箱。终端配电箱开关下口为建设和保障分界点。餐饮模块各低压回路由运行方自行引接至终端配电箱。餐饮模块系统接线如图5-16所示，材料见表5-23。

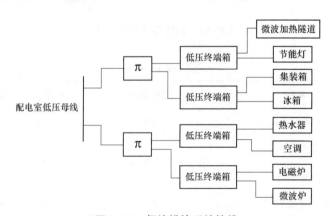

图5-16　餐饮模块系统接线

表 5-23　　　　　　　　　　　　　餐 饮 模 块 材 料

序号	名称	型号规格	单位	数量	备注
1	低压电缆分支箱	1 进 5 出	台	2	π 接箱
2	低压电缆终端箱	C 型	台	1	
3		B 型	台	3	
4	低压电缆	ZRC-XEF-0.6/1kV-1×150	m	600	含 20 套终端
5		ZRC-XEF-0.6/1kV-5×35	m	300	含 6 套终端
6		ZRC-XEF-0.6/1kV-5×50	m	300	含 2 套终端
7	橡胶绝缘马道	2 孔	块	200	
8		4 孔	块	220	

（五）临时办公模块典型供电方案

临时办公模块为普通低压负荷，推荐采用单路市电模式。

在临时办公区附近低压 π 接箱各引单回低压电缆至临时办公模块终端配电箱。终端配电箱开关下口为建设和保障分界点。临时办公模块各低压回路由运行方自行引接至终端配电箱。临时办公模块系统接线如图 5-17 所示，材料见表 5-24。

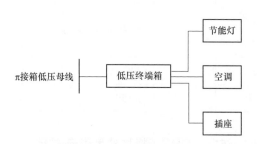

图 5-17　临时办公模块系统接线

表 5-24　　　　　　　　　　　　　临 时 办 公 模 块 材 料

序号	名称	型号规格	单位	数量	备注
1	低压电缆终端箱	B 型	台	1	
2	低压电缆	ZRC-XEF-0.6/1kV-5×35	m	100	
3	电缆终端头		套	2	
4	橡胶绝缘马道	4 孔	块	100	

（六）临时箱变模块典型供电方案

临时箱变作为解决场馆永久配电室低压负荷和出线间隔不足问题的补充，为北京2022年冬奥会赛时安保、餐饮、临时办公等临时设施提供电力保障，包括两台630kVA箱变及其外电源。

自场馆配电室10kV不同母线各引一回10kV电缆分别至两台箱变，再将两台箱变10kV母线通过电缆里联络构建10kV单环网供电。临时箱变模块系统接线如图5-18所示，材料见表5-25。

10kV母线

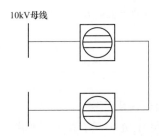

图5-18 临时箱变模块系统接线示意图

表5-25 临 时 箱 变 模 块 材 料

序号	名称	型号规格	单位	数量	备注
1	高压电缆	ZC-YJY22-8.7/15kV-3×150	m	1050	直埋
2	电缆终端头		套	4	
3	箱变	630kVA	台	2	含基础
4	热浸塑钢管	ϕ150	m	1050	

（七）奥运会实况转播（OBS）模块典型供电方案

OBS转播模块为特别重要和敏感低压负荷，推荐供电方式为双路市电（一主一备）+SSTS装置。

自场馆永久总配电室不同10kV母线各引一回10kV电缆依次串接至4台OBS转播区箱变，4台OBS箱变10kV通过电缆构建单环网。其中两台箱变为OBS技术负荷，另外两台箱变为生活负荷提供电源。两台技术负荷箱变低压母线通过UPS+SSTS设备连接，SSTS柜出线开关作为电力运行与保障分界点，分界点以下由OBS运行方负责。两台生活负荷箱变低压母线通过SSTS设备连接，自SSTS设备引低压电缆至生活区终端配电箱。生活区终端配电箱开关作为电力运行与保障分界点，分界点以下由OBS运行方负责。OBS模块系统接线如图5-19所示。

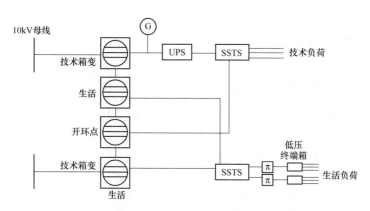

图5-19 OBS模块系统接线

正常情况下，由市电供电，UPS处于充电状态；技术负荷侧当一路市电出现故障时，SSTS能快速切换至另外一路市电供电，若另外一路市电也同时故障，则UPS给技术负荷供电，待发电机正常运行后，由发电机通过SSTS给技术负荷供电，保障技术负荷侧的持续供电；当生活负荷侧市电出现一路电源故障时，SSTS能快速切换至另外一路市电供电，若另外一路市电也同时故障，则生活负荷侧会停电。OBS模块材料见表5-26。

表5-26　　　　　　　　　OBS 模 块 材 料

序号	名称	型号规格	单位	数量	备注
1	高压电缆	ZC-YJY22-8.7/15kV-3×240	m	1100	直埋
2	电缆终端头		套	10	
3	热浸塑钢管	φ150	m	1100	
4	箱变	2000kVA	台	4	
5	ATS箱	—	个	2	
6	柴油发电机	1000kW	台	2	发电一个月
7	UPS	500kVA	台	4	
8	低压电缆	ZRC-XEF-0.6/1kV-5×35	m	6000	含终端16套
9		ZRC-XEF-0.6/1kV-5×50	m	1000	含终端4套

续表

序号	名称	型号规格	单位	数量	备注
10	橡胶绝缘马道	2 孔	块	400	
11		4 孔	块	600	
12	低压电缆分支箱	1 进 5 出	台	10	π 接箱
13	低压电缆终端箱	B 型箱	台	15	
14		C 型箱	台	5	
15	柔性电缆	ZRC–XEF–0.6/1kV–1 × 150mm^2	m	3000	含终端 40 套

第六章　电力设备状态检测技术

电力设备状态检测是状态检修的重要技术手段，其检测方式为带电短时间内检测，能灵活、及时、准确地掌握设备状态，对提高设备健康水平，保证电网安全、可靠供电发挥重要作用。大型活动供电保障常用的电力设备状态检测技术有特高频局部放电检测技术、超声波局部放电检测技术、高频局部放电检测技术、暂态地电压局部放电检测技术、红外热像检测技术、超低频检测技术、无人机视频检测技术等。本章简要几种状态检测技术的原理、检测流程及方法，部分检测流程及方法以目前主流常用的检测仪器为例进行介绍，详细的检测技术与诊断方法可参阅相关专业书籍。

第一节　特高频局部放电检测技术

特高频（Ultra High Frequency，UHF）局部放电检测方法是用于电力设备局部放电缺陷检测与定位的常用测量方法之一，通常其检测频率范围为300M ～ 3000MHz。特高频法可广泛应用于气体绝缘金属封闭开关设备（Gas Insulation Switchgear，GIS）、变压器、电缆附件、开关柜等，多数采用外置式传感器带电检测，也可由内置式传感器组成在线监测系统。在各种电力设备的现场应用中，以GIS中的局部放电检测效果最好，可达到相当于几个pC（皮库）的检测灵敏度。

一、基本原理

特高频局部放电检测基本原理是通过特高频传感器对电力设备中局部放电时产生的特高频电磁波（300M ～ 3000MHz）信号进行检测，从而获得局部放电的相关信息，实现局部放电检测。特高频法正是基于电磁波在GIS中的传播特点发展起来的，它最大优点是能有效抑制背景噪声，如空气电晕等产生的电磁干扰频率一般较低，可用宽频法特高频对其进行有效抑制；而对特高频通信、广播电视信号，由于其有固定的中心频率，因而可用窄频法UHF将其与局部放电信号加以区别。另外，如果GIS中的传感器分布合理，那么还可通过不同位置测到的局部放电信号的时延差来对局部放电源进行定位。

二、检测流程及方法

下面以 GIS 为例，介绍特高频局部放电检测现场检测的流程及方法。

（一）准备工作

开展局部放电特高频检测前，应准备好下列的仪器和工具。

（1）检测主机。用于局部放电信号的采集、分析处理、诊断与显示。

（2）特高频传感器。用于耦合特高频局放信号。

（3）信号放大器。当测得的信号较微弱时，为便于观察和判断，需接入信号放大器。

（4）特高频信号线。连接传感器和信号放大器或检测主机，一般为射频同轴电缆。

（5）工作电源。220V 交流工作电源，为检测仪器主机，信号放大器和笔记本电脑供电。

（6）接地线。用于仪器外壳的接地，保护检测人员及设备的安全。

（7）绑带。长时间监测时用于将传感器固定在待测设备外部。

（8）网线。用于检测仪器主机和笔记本电脑通信。

（9）记录纸、笔。用于记录检测数据。

（二）检测接线

在采用特高频法检测局部放电前，应按照所使用的特高频局放检测仪操作说明，连接好传感器、信号放大器、检测仪器主机等各部件，通过绑带（或人工）将传感器固定在盆式绝缘子上，必要的情况下，可以接入信号放大器。

（三）具体操作流程

在采用特高频法检测局部放电时，典型现场检测流程如图 6-1 所示。

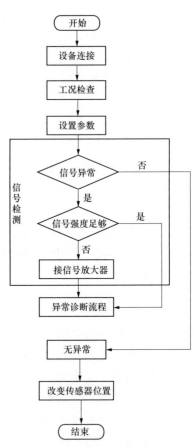

图6-1 现场检测流程图

（1）设备连接。按照设备接线图连接测试仪各部件，将传感器固定在盆式绝缘子上，将检测仪主机及传感器正确接地，电脑、检测仪主机连接电源，然后开机。

（2）工况检查。开机后，打开检测软件，检查主机与电脑通信状况、同步状态、相位偏移等参数，然后进行系统自检，确认各检测通道工作正常。

（3）设置检测参数。设置变电站名称、检测位置并做好标注，以及根据现场噪声水平设定各通道信号检测阈值。

（4）信号检测。打开连接传感器的检测通道，观察检测到的信号。如果发现信号无异常，保存少量数据，退出并改变检测位置继续下一点检测；如果发现信号异常，则延长检测时间并记录多组数据，进入异常诊断流程。必要的情况下，可以接入信号放大器。

三、检测注意事项

（1）特高频局放检测仪适用于检测盆式绝缘子为非屏蔽状态的GIS设备，若GIS的盆式绝缘子为屏蔽状态则无法用外置传感器进行检测。

（2）检测中应将同轴电缆完全展开，避免同轴电缆弯折或外皮受到剐蹭损伤。

（3）传感器应与盆式绝缘子紧密接触，且应放置于两根禁锢盆式绝缘子螺栓的中间，以减少螺栓对内部电磁波的屏蔽及传感器与螺栓产生的外部静电干扰。

（4）在检测过程中应尽可能保证传感器与盆式绝缘子的接触，不要因为传感器移动引起的信号而干扰正确判断。

（5）在检测时应最大限度保持测试周围背景信号的干净，尽量减少人为制造出的干扰信号，例如手机信号、照相机闪光灯信号、照明灯信号等。

（6）在检测过程中，要确保外接电源的频率为50Hz。

（7）对每个GIS间隔进行检测时，为简化数据图谱存储数量，在无异常局放信号的情况下只需存储断路器仓盆式绝缘子的三维信号，其他盆式绝缘子必须检测但可不用存储数据。在检测到异常信号时，必须对该间隔每个绝缘盆子进行检测并存储相应的数据。

（8）在开始检测时，不需要加装放大器进行测量。若发现有微弱的异常信号时，可接入放大器。

四、诊断方法

（一）排除干扰

在开始测试前，尽可能排除干扰源的存在，比如关闭荧光灯和手机等。

（二）记录数据并给出初步结论

采取降噪措施后，如果异常信号仍然存在，需要记录当前测点的数据，给出一个初步结论，然后检测相邻的位置。

（三）放电源定位

如GIS附近外部未发现该异常信号，就可以确定该信号来自GIS内部，可以直接对该信号进行判定。如附近都能发现该信号，需要对该信号尽可能地定位。放电定位也是干扰信号分析的重要环节。

（四）谱图分析与诊断

一般的特高频局放检测仪都包含专家分析系统，参考系统辅助诊断结果，对采集到的信号进行诊断。

（五）保存数据和图谱

应保存诊断数据和图谱。

第二节　高频局部放电检测技术

高频局部放电检测技术是用于电力设备局部放电缺陷检测与定位的常用测量方法之一，其检测频率范围通常为3～30MHz，广泛应用于高压电力电缆及其附件、变压器、电抗器、旋转电机等电力设备的局放检测。其高频脉冲电流信号可以由电感式耦合传感器或电容式耦合传感器进行耦合，也可以由特殊设计的探针对信号进行耦合。

一、基本原理

局部放电检测高频法的基本原理是对流经电力设备的接地线、中性点接线以及电缆本体中放电脉冲电流信号进行检测，从而获得局部放电的相关信息，实现局部放电检测。高频法正是基于高频脉冲电流在设备中的传播特点而发展起来的。它的最大优点是检测灵敏度较高、安装简单、易于携带以及可进行局部放电强度的量化描述，以便于准确评估被检测电力设备局部放电的绝缘劣化程度。另外，通过对比分析不同传感器位置放电信号的幅值、时域和频域特征，可进行放电源的大致定位。

二、检测流程及方法

高频局部放电检测一般采用非嵌入式检测的方法，不同电力设备结构区别较大，从而对应的高频检测方法略有不同，但检测原理及局部放电检测装置基本一致。以下对电力电缆及其他电力设备分别介绍高频局放检测的具体操作方法。

（一）电力电缆

对电力电缆进行高频局部放电检测时，电缆本体及高频电流传感器安装位置如图6-2所示，中间头三相交叉接地箱内的高频电流传感器安装如图6-3所示。通常高频电流传感器卡装在电缆本体、中间接头接地线以及终端接地线上。对于直埋电缆，可以在电缆中间接头检修工井的电缆外护套交叉互联接地线或直接接地线上卡装高频电流传感器。如果条件允许，可以开挖电缆接头及本体，在电缆接头和本体上卡装高频电流传感器进行辅助检测；对于隧道内电缆，应综合采用以上两种方法进行检测；对于电缆终端，在保证安全、具有充分手段和条件情况下，可在电缆终端头接地线上卡装高频电流传感器。

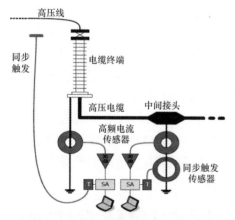

图6-2　电缆本体及高频电流传感器
安装位置

图6-3　中间头三相交叉接地箱内的
高频电流传感器安装

1.测试过程

测试过程主要包括如下基本步骤。

（1）接线。安装高频局放传感器，连接检测装置的电源线、信号线、同步线、数据传输线等一系列接线，并开始检测。

（2）检测与初步分析。观察数据处理终端（笔记本电脑）的检测信号时域波形与对应的PRPD谱图，排除干扰并判断有无异常局放信号。

（3）诊断。确定存在异常局放信号后，可利用去噪、模式识别以及放电聚类等方法进行诊断和识别。

（4）放电源定位。根据信号强度、三相电缆放电信号极性等对放电源进行大致定位，结合放电特征及放电缺陷诊断结果给出检测诊断结论。

2.安全措施

对运行中的电力电缆进行现场高频局部放电带电测试时，应有以下安全措施。

（1）根据现场测试环境应准备相应的防护和工作器具，如在电缆隧道内工作，应确认隧道内是否存在有毒易燃气体并采取足够的通风措施。

（2）对于在电缆护层交叉互联接地线和直接接地线上进行的测试工作时，可直接将传感器卡放在接地线和交叉互联线上，如若打开交叉互联箱或接地箱进行检测，应使用合适的工具打开箱体，在开启过程中严禁接触裸母排等导体，传感器的卡装等操作应佩戴10kV电压等级绝缘手套。

（3）对于电缆终端下方的测试，应保证所有操作处于电气安全距离范围内。

（二）其他电力设备

对于其他电力设备，如变压器、电压互感器、电流互感器、开关设备以及旋转电机等，利用高频电流互感器进行局部放电检测方法与电缆类似，都是在连接设备的接地线上进行检测。变压器和电流互感器利用高频电流传感器进行带电或在线监测时，带接地引下线设备高频局部放电检测原理如图6-4所示。对于这些设备在进行局部放电测试前，同样需要对局部放电检测系统进行校验，以确保检测设备的正常运行。由于开关柜、旋转电机等正常运行时电压均较高，在进行传感器安装、设备调试过程中务必佩戴相应等级的绝缘手套，以及在一定的电气安全距离内操作，确保人身安全。

图6-4　带接地引下线设备高频局部放电检测原理

三、诊断方法

随着数字信号处理技术的发展，高频局部放电检测中的干扰抑制措施主要依靠软件实现。目前常用的数字化抗干扰方法主要有脉冲平均法、数字滤波法、信号相关法、神经网络法以及小波分析法。其中小波变换是基于非平稳信号的分析手段，在时域、频域同时具有良好的局部化性质，非常适合于不规则、瞬变信号的处理，越来越多地用于高频局部放电检测的干扰抑制措施中。

对于放电信号的区分，一方面可利用前述的抗干扰技术，将外界干扰噪声抑制到较低水平；另一方面也可通过与不同缺陷放电特征数据库进行对比，即进行放电信号的模式识别。模式识别的主要步骤包括放电信号的测量、放电信号特征提取与分类和特征指纹库比对，可以判断所测信号是否为真实的放电信号以及是何种缺陷放电。一种模式识别方法是利用PRPD相位统计谱图的形状特点，通过计算统计谱图的偏斜度、陡峭度以及相互关联因素等特征参数，从而对缺陷类型进行确认和识别；另外一种是聚类分析法，该方法主要将放电信号按其各自的等效频率、等效时长或其他与波形相关的特征参量进行分类，形成时频域映射谱图。时频谱图的特点是多个放电源、不同放电类型的局部放电脉冲会被映射到不同聚点，这样便于在局部放电相位谱图上将真实放电和噪声干扰区分开来，局部放电时频映射谱图示例如图6-5所示；还有一种聚类原理是利用三相同步局部放电检测技术，对耦合到的信号进行幅度、相位或频率的计算，从而进行分类，三相局部放电同步检测聚类谱图示例如图6-6所示。

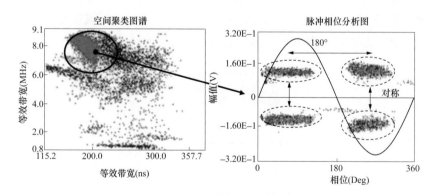

图6-5　局部放电时频映射谱图示例

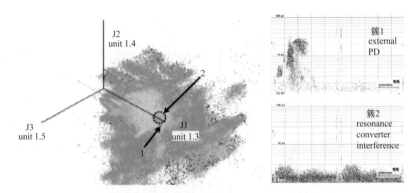

图6-6 三相局部放电同步检测聚类谱图示例

第三节 超声波局部放电检测技术

根据超声波信号传播途径的不同，超声波局部放电检测可分为接触式检测法和非接触式检测法。接触式超声波检测法主要用于检测如GIS、变压器等设备外壳表面的超声波信号，而非接触式超声波检测法可用于检测开关柜、配电线路等设备。

一、基本原理

电力设备内部产生局部放电信号的时候，会产生冲击的振动及声音。超声波法（Acoustic Emission，AE）通过在设备腔体外壁上安装超声波传感器来检测局部放电信号。该方法的特点是传感器与电力设备的电气回路无任何联系，不受电气方面的干扰，但在现场使用时易受周围环境噪声或设备机械振动的影响。由于超声信号在电力设备常用绝缘材料中的衰减较大，超声波检测法的灵敏度和范围有限，但具有定位准确度高的优点。局部放电区域很小，源通常可看成点声源。超声波局部放电检测的基本原理如图6-7所示。

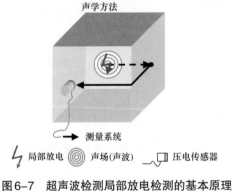

图6-7 超声波检测局部放电检测的基本原理

二、检测流程及方法

以接触式检测法为例，超声波局部放电带电检测一般包括检测前的准备、检测点选择、背景检测、信号普测、初步定位、信号详测、信号诊断等环节。超声波局部放电带电检测流程如图6-8所示。

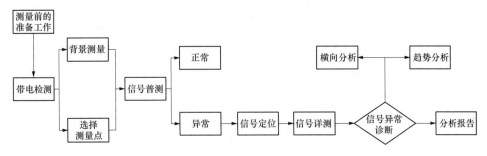

图6-8 超声波局部放电带电检测流程

（一）检测前的准备工作

检测前应检查仪器的完备性，设置仪器的参数，确保仪器的内部电池电量充足，确认超声硅脂等部件齐全以及传感器性能良好。

（二）检测点的选择

根据不同电力设备的内部结构，确定各个检测点。由于超声波信号衰减较快，因此在检测时，两个检测点之间的距离不应大于1m。对于GIS设备，通常应选择的测试点有：①盆式绝缘子两侧，特别似乎水平布置的盆式绝缘子；②隔室下方，如存在异常信号，应在该隔室进行多点检测，查找信号最大点；③断路器断口处、隔离开关、接地刀闸、电流互感器、电压互感器、避雷器、导体连接部件等处。对于变压器设备，超声波局部放电检测通常用于进行放电源定位，因此可在变压器外壳上选择合适的检测点。对于开关柜设备，通常宜选用非接触式超声波传感器对柜体缝隙进行检测，并辅以接触式超声波传感器对柜体外壳进行检测。

（三）背景信号的检测

检测现场空间干扰小时，将传感器置于空气中，仪器所测得的数值即为背景信号值；检测现场空间干扰较大时，将传感器置于待测设备基座上，仪器所测得的数值即为背景信号值；而在信号确诊和准确定位时，宜将传感器置于临近的正常设备上，仪器所测得的数值即为背景信号值。

（四）信号普测

将超声波传感器平稳地放在设备外壳的各检测点上，待信号稳定后，观察信号情况10s以上。检测中要避免传感器的抖动，避免测试人员的衣物、信号电缆和其他物体与待测电力设备的外壳接触或摩擦。

（五）信号定位

超声波法局部放电定位有幅值定位和时差定位两种。幅值定位是根据超声信号的衰减特性，利用峰值或有效值的大小定位，一般离信号源越近，信号越大；时差定位是根据超声波信号达到传感器的时差，通过联立球面方程或双曲面方程组计算空间坐标，进行精确定位，精度可达10cm。在实际应用中，可采用幅值方法进行初步定位，随后根据现场需要决定是否需要进行进一步的精确定位。此外，由于设备内部的结构不同，超声波信号传播存在一定的复杂性，也可采取超声波——特高频声电联合等定位方法。

（六）信号详测

在发现有可疑超声波信号的部位后，应进行定位后对该部位进行详细检测。此工作必须使用传感器固定装置（如磁铁固定座、固定座和绑扎带等），进行综合检测与分析，必要时增加测点检测。应记录并存储信号时间分辨率与电源周波频率相当的超声波信号的时域波形，以便于准确分析。分析诊断的因素还应包括设备工况、环境条件等。

（七）信号异常处理与诊断分析

在电力设备检测到超声波局部放电信号异常时，应进行短期的在线监测或其他方法的检测，如特高频检测、绝缘介质的电/热分解的成分分析、温度检测等手段，进行综合诊断分析。

超声波异常信号分析宜采用典型波形的比较法、横向分析法和趋势分析法。典型波形比较法是综合考虑现场干扰因素后，获得真正代表设备内部异常的超声波信号，与典型波形图库进行比较；横向分析法即将疑似缺陷部位的信号和设备相邻区域信号或另相相同部位信号进行比较，确定是否有明显异常信号；趋势分析法为将疑似缺陷部位的信号与历史数据相比较，查看是否有明显的增长发展趋势。异常信号分析时应综合考虑设备运行工况、周围环境等因素的影响。

三、检测注意事项

（1）检测仪器参数设置与仪器状态良好。
（2）检测不同的电力设备时，应选择合适频段、增益的传感器。

（3）合理使用超声耦合剂（硅脂），超声波信号大部分在超声波频段范围，在不同介质（如金属与非金属、固体与气体）的交界面，信号会有明显的衰减。使用接触式超声波检测仪器时，在传感器的检测面上涂抹适量的超声耦合剂后，检测时传感器可与壳体接触良好，无气泡或空隙，从而减少信号损失，提高灵敏度。

（4）检测时宜使用传感器固定装置，避免人为手持传感器时不稳定等因素的影响。

（5）选择合适的检测时间，宜在外部干扰源较小时进行检测。

（6）为提高检出概率，建议使用信号时间分辨率与电源周波频率相当的超声波信号的时域波形的检测仪器，并记录连续多个工频周期的时域波形。

（7）检测时，应做好检测数据和环境情况的记录，如数据、波形、工况、测点位置等，以方便后续比较分析。

（8）周期检测时，检测部位应为同一点，除非有异常信号，定位出最大点后，改为最大点的部位检测。

（9）检测者宜熟悉待测设备的内部结构。

第四节　暂态地电压局部放电检测技术

暂态地电压局部放电检测技术主要应用于开关柜、环网柜、电缆分支箱等配电设备的内部绝缘缺陷检测。但由于暂态地电压脉冲必须通过设备金属壳体间的间隙处由内表面传至外表面方可被检测到，因此该检测技术不适用于金属外壳完全密封的电力设备（如GIS等）。

一、基本原理

当电气设备发生局部放电时，带电粒子会快速地由带电体向接地的非带电体快速迁移，如配电设备的柜体，并在非带电体上产生高频电流行波，且以近似光速的速度向各个方向传播。受集肤效应的影响，电流行波往往仅集中在金属柜体的内表面，而不会直接穿透金属柜体。但是，当电流行波遇到不连续的金属断开或绝缘连接处时，电流行波会由金属柜体的内表面转移到外表面，并以电磁波形式向自由空间传播，且在金属柜体外表面产生暂态地电压，而该电压可用专门设计的暂态地电压传感器进行检测。暂态地电压局部放电检测原理如图6-9所示。

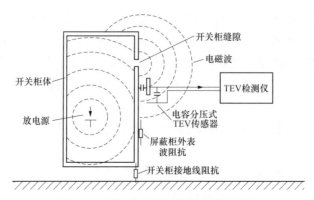

图6-9　暂态地电压局部放电检测原理

二、检测流程及方法

（一）检测流程

高压开关柜的局部放电检测在开关柜的结构和频谱特性方面与其他电力设备存在明显区别。首先，放电部件封闭于金属壳体内，检测设备的传感器难以深入开关设备内部，因此检测过程难以排除环境电磁噪声的影响。其次，开关柜及其部件主要采用空气绝缘或环氧树脂固体绝缘，绝缘强度较弱，电磁放电的频谱较低，基本上与环境电磁噪声的频带重合。因此，高压开关柜的暂态地电压检测必须遵循一定的程序，才能得出准确的结论。开关柜局部放电现场检测的基本流程如图6-10所示。

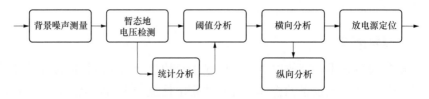

图6-10　开关柜局部放电现场检测的基本流程

暂态地电压检测之前，必须采取措施。首先检测现场的背景噪声并做好记录。然后，开始按照正常程序检测开关柜的暂态地电压数据，并按照一定的阈值准则综合背景噪声和实测数据，评估开关柜的实际局部放电数据。注意，阈值准则一般情况下仅能给出开关柜是否存在局部放电的信息，而放电程度的表征是很不严格的，但这种分析方法却比较直接和快捷。另外，也应当考虑背景噪声的波动特性，每隔一段时间就应当复测背景噪声，以保证背景噪声的时效性和准确性。

在简单阈值分析无法给出正确的放电信息时，特别是放电程度相对偏弱时，还可以利用横向分析技术实现对单台或多台开关柜局部放电活动的判断。与阈值分析和横向分析技术相比，统计分析则可以从宏观角度分析和发现开关柜局部放电状态的发展演化。纵向分析则是通过特定开关柜局部放电检测数据的发展变化，发现设备存在的潜伏性缺陷。

对于检测结果判断为异常的开关柜，需要进一步采用局部放电定位技术对检测结果进行定位、排查和确认。

（二）现场检测方法及注意事项

1.工作条件

（1）开关柜金属外壳应清洁并可靠接地。

（2）应尽量避免干扰源（如气体放电灯、排风系统电机）等带来的影响。

（3）进行室外检测应避免天气条件对检测的影响。

（4）雷电时禁止进行检测。

2.测试位置及要点

对于高压开关柜设备，在每面开关柜的前面、后面均应设置测试点，具备条件时，在侧面设置测试点。暂态地电压参考检测位置如图6-11所示。

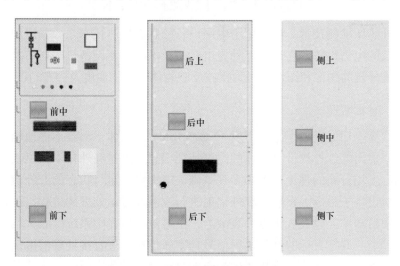

图6-11 暂态地电压参考检测位置

一般按照前面、后面、侧面进行检测位置的选择布点，前面选2点，后面、侧面选3点，后面、侧面的选点应根据设备安装布置的情况确定。如存在异常信号，则应在该开关柜进行多次、多点检测，查找信号最大点的位置。应尽可能保持每次测试点的位置一致，以便于进行比较分析。

测试并记录环境（空气和金属）中的背景值。一般情况下，测试金属背景值时可选择开关室内远离开关柜的金属门窗；测试空气背景时，可在开关室内远离开关柜的位置，放置一块20cm×20cm的金属板，将传感器贴紧金属板进行测试。测试过程中应避免信号线、电源线缠绕一起。排除干扰信号，必要时可关闭开关室内照明灯及通风设备。

3.暂态地电压的定位方法

在暂态地电压检测结果出现异常时，可利用时差法对放电源进行定位，将两只暂态地电压传感器分置于开关柜面板上，并保证间隔距离不小于0.6m，当某个通道的指示灯点亮时，表明放电源靠近该通道连接的传感器位置。

如果两个通道的指示灯交替点亮，可能存在两种原因：①暂态地电压信号到达两个传感器的时间相差很小，超过了定位仪器的分辨率；②两个传感器与放电点的距离大致相等，导致时序鉴别电路难以正常鉴别。解决方法为可略微移动其中一个传感器，使得定位仪器能够分辨出哪个传感器先被触发。

第五节　红外热像检测技术

红外热像检测技术是最早用于电网设备的状态检测技术之一，适用于所有目之所及的电力设备，它运用红外光电转换技术将被测设备热辐射转换成可供人类视觉分辨的图像和图形，可直接找反映物体表面的温度及分布情况。

一、基本原理

自然界一切温度高于绝对零度（–273.16K）的物体，都会不停地辐射出红外线，辐射出的红外线带有物体的温度特征信息，这是红外技术探测物体温度高低和温度场分布的理论依据和客观基础。电力设备运行状态的红外检测，实质就是对设备（目标）发射的红外辐射进行探测及显示处理的过程。设备发射的红外辐射功率经过大气传输和衰减后，由检测仪器光学系统接收并聚焦在红外探测器上，并把目标的红外辐射信号功率转换成便于直接处理的电信号，经过放大处理，以数字或二维热图像的形式显示目标设备表面的温度值及温度场分布。红外探测原理如图6-12所示。

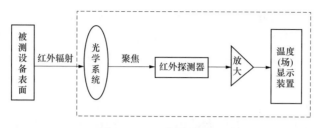

图6-12　红外探测原理

二、检测流程及方法

（一）检测基本要求

1. 一般检测环境要求

（1）被检测设备是带电运行设备，应尽量避开视线中的封闭遮挡物，如门和盖板等。

（2）环境温度一般不低于5℃，相对湿度一般不大于85%。

（3）天气以阴天、多云为宜，夜间图像质量为佳。

（4）不应在雷、雨等气象条件下进行，检测时风速一般不大于5m/s。

（5）户外晴天要避开阳光直接照射或反射进入仪器镜头，在室内或晚上检测应避开灯光的直射，宜闭灯检测。

2. 精确检测环境要求

除满足一般检测的环境要求外，还满足以下要求。

（1）风速一般不大于0.5m/s。

（2）设备通电时间不小于6h，最好在24h以上。

（3）宜在阴天、夜间或晴天日落2h后进行。

（4）被检测设备周围应具有均衡的背景辐射，应尽量避开附近热辐射源的干扰，某些设备被检测时还应避开人体热源等的红外辐射。

（5）避开强电磁场，防止强电磁场影响红外热像仪的正常工作。

（二）现场检测方法

1. 一般检测

仪器在开机后需进行内部温度校准，待图像稳定后即可开始工作。一般先远距离对所有被测设备进行全面扫描，发现有异常后，再有针对性地近距离对异常部位和重点被测设备进行准确检测。仪器的色标温度量程宜设置在环境温度加10～20K的温升范围。有伪彩色显示功能的仪器，宜选择彩色显示方式，调节图像使其具有清晰的温度层次显示，并结合数值测温手段，如热点跟踪、区域温度跟踪等手段进行检测。应充分利用仪器的有关功能，如图像平均、自动跟踪等，以达到最佳检测效果。环境温度发生较大变化时，应对仪器重新进行内部温度校准，校准方法按仪器的说明书进行。作为一般检测，被测设备的辐射率一般取 0 ~ 9。

2.精确检测

检测温升所用的环境温度参照体应尽可能选择与被测设备类似的物体，且最好能在同一方向或同一视场中选择。在安全距离允许的条件下，红外仪器宜尽量靠近被测设备，使被测设备（或目标）尽量充满整个仪器的视场，以提高仪器对被测设备表面细节的分辨能力及测温准确度，必要时，可使用中、长焦距镜头。线路检测一般需使用中、长焦距镜头。为了准确测温或方便跟踪，应事先设定几个不同的方向和角度，确定最佳检测位置，并可做上标记，以供今后的复测用，提高互比性和工作效率。正确选择被测设备的辐射率，特别要考虑金属材料表面氧化对选取辐射率的影响。将大气温度、相对湿度、测量距离等补偿参数输入，进行必要修正，并选择适当的测温范围。记录被检设备的实际负荷电流、额定电流、运行电压，被检物体温度及环境参照体的温度值。

（三）红外热成像仪的使用注意事项

正确操作红外热成像仪，对红外图像质量、设备缺陷发现乃至故障分析都至关重要，应避免现场使用上的任何操作失误。

1.调整焦距

红外图像存储后可以对图像曲线进行调整，但是无法在图像存储后改变焦距。在一张已经保存了的图像上，焦距是不能改变的参数之一。当聚焦被测物体时，调节焦距至被测物件图像边缘非常清晰且轮廓分明，以确保温度测量精度，同时不宜使用数字变焦功能进行聚焦。

2.选择测温范围

了解现场被测目标的温度范围，设置正确的温度挡位，当观察目标时，对仪器的温标跨度进行微调，得到最佳的红外热成像图像质量。

3.设置测量距离

对于非制冷微热量型焦平面探测器，如果仪器距离目标过远，目标将会很小，测温结果将无法正确反映目标物体的真实温度，因为红外热像仪此时测量的温度平均了目标物体以及周围环境的温度。为了得到最精确的测量读数，应尽量缩短测温距离，使目标物体尽量充满仪器的视场，合理设置热成像仪距离参数。

4.设置发射率

需要进行精确温度测量时，应合理设置被测目标发射率，同时还应考虑环境温度、湿度、风速、风向、热反射源等因素对测温结果的影响，并做好记录。

5.保证仪器拍摄平稳

为更好地保证拍摄效果，在冻结和记录图像的时候，应尽可能保持仪器平稳。即使轻微的仪器晃动，也可能会导致图像不清晰。当按下存储按钮时，应轻缓和平滑。

第六节　配网电缆超低频介损检测技术

配网电缆超低频介损检测技术是在超低频电压（0.1Hz）下测试10kV电缆的介质损耗角正切值。该技术起源于20世纪80年代，主要用于诊断交联电缆整体绝缘老化、受潮以及发生水树枝劣化等缺陷，实践证明超低频介损检测技术是评估电缆绝缘状态的有效手段。

一、基本原理

（一）电缆介质损耗

介质损耗主要是由发生在绝缘材料里的导电损耗引起的，绝缘材料在电场作用下，由于介质电导和介质极化的滞后效应，在其内部引起的能量损耗，叫介质损耗，简称介损。

1.电力电缆绝缘等效电路

对于理想的电缆，其对地绝缘电阻 R 可视为正无穷大，该状况下不存在介质损耗，即 $\tan\delta=0$（δ 为介质损耗角）。理想电力电缆绝缘等效电路如图6–13所示。

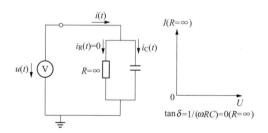

图6–13　理想电力电缆绝缘等效电路

而在实际情况下，配网电缆绝缘在长期运行中会受到水树枝劣化、潮湿等不利因素影响，电缆接头也会出现老化，此时电缆系统对地绝缘电阻R会变小，电流不再呈纯容性，介质损耗变大，即δ变大，$\tan\delta$变大。实际工况电力电缆绝缘等效电路如图6-14所示。超低频介损检测技术就是通过对电力电缆施加超低频电压，检测其介损值，进而反映电力电缆绝缘是否劣化。

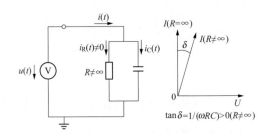

图6-14　实际工况电力电缆绝缘等效电路

2.介损特点

（1）介损与绝缘电阻R成反比，绝缘电阻越低，则介损值越大。因此，做介损测量时，应在绝缘良好的电缆上进行；如果有接头进水或受潮引起的电缆整体绝缘下降，势必会影响介损$\tan\delta$的值。

（2）介损与电容C成反比，如果电容值C非常小，则介损值$\tan\delta$也会非常大，因此由于设备的限制，电缆的电容值至少要$>2nF$（至少60m，否则波形失真）。

（3）介损与频率f成反比，一般在0.1Hz正弦电压下进行测试。

（二）检测原理

（1）在0.1Hz超低频正弦电压下进行超低频介损测试，对被测电缆施加$0.5U_0$，$1.0U_0$，$1.5U_0$ 3个电压步骤，每相电缆单独进行测试。通过采集流经电缆的泄漏电流信号，比较电流与电压之间的相位差得到介损值。电缆超低频介损测试外施电压如图6-15所示。

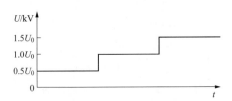

图6-15　电缆超低频介损测试外施电压

（2）在每个测试电压下，分别测量8个介质损耗（TD）数值，（图6-16中detail对应的测试值），测量结果给出TD平均值（$1.0U_0$下8个测试值的平均值）、TD差值（$1.5U_0$下TD平均值与$0.5U_0$TD平均值之差）和TD标准偏差（$1.0U_0$下8个测试值的标准差），以及介损值随测试电压变化曲线，如图6-16所示。

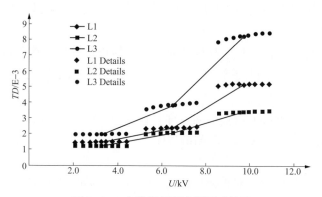

图6-16　电缆超低频介损测试结果

根据国际电力电子工程师协会《有屏蔽层电力电缆系统绝缘层现场型试验与评估导则》（IEEE-400.2—2013），检测设备可以自动给出被测电缆正常状态、注意状态、异常状态的判断结果。

二、检测流程及方法

（一）检测流程

检测装置主要包括测试主机（集超低频电源、测量、数据分析等功能为一体）、无局放高压连接电缆以及接地线3个部分。电缆超低频检测接线如图6-17所示。

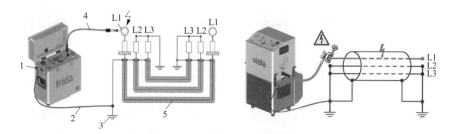

图6-17　电缆超低频检测接线示意图

1—超低频测试主机接地端子；2—接地线；3—接地体；

4—高压测验线；5—被试电缆

下面为超低频介损试验检测流程的主要步骤。

1. 绝缘电阻测量

超低频介损测试前，采用5000V绝缘电阻表测量电缆的绝缘电阻。

2. 电缆测距

采用测距仪对电缆线路的长度、接头位置与数量进行测试。

3. 试验接线

检查电缆终端清洁并处于良好状态，将高压连接电缆一侧与被测电缆终端连接，另一侧与测试主机连接，将其他相电缆终端与检测装置接地。

4. 参数设置

测试前在测试主机上设置电缆名称、长度、电缆绝缘类型、敷设方式等信息，选择油纸电缆或者交联电缆测试程序。

5. 介损测试

点击介损测试按钮，对被测电缆进行加压，自动测试 $0.5U_0$，$1.0U_0$，$1.5U_0$这3个电压下的相关介损数据，得到介损值以及测试曲线。

6. 数据保存

将测试结果与测试报告，通过USB接口保存至PC机。

（二）诊断标准

依据《有屏蔽层电力电缆系统绝缘层现场型试验与评估导则》（IEEE-400.2—2013），将"介损随时间稳定性""介损变化率""介损平均值"3个指标作为电缆绝缘老化的判据，得到的电缆超低频介损诊断标准见6-1，有正常状态、注意状态、异常状态3种状态，并相应制定"无需采取行动""建议进一步测试""立即采取检修行动"3个等级的检修策略。

表6-1　　　　　　　　　　电缆超低频介损诊断标准

随时间稳定性	关系	介损变化率	关系	介损平均值	电缆状态
< 0.1	与	< 5	与	< 4	正常状态
0.1 ～ 0.5	或	5 ～ 80	或	4 ～ 50	注意状态
> 0.5	或	> 80	或	> 50	异常状态

第七节　智能巡检新技术

输变电设备人工巡检存在任务重、效率低、质量难统一等问题，很多风险隐患难以被及时发现，需引进更加高效、科学的巡检新技术，满足大型活动供电保障期间高质量的设备运维要求。本节简要介绍架空输电线路智能机器人、无人机、变电站智能机器人等智能巡检新技术。

一、架空输电线路智能机器人巡检技术

（一）基本功能

架空输电线路智能巡检机器人可搭载在导地线上，具备良好的自主巡检、图像智能识别、自主越塔过障、能源在线补给等能力，可搭载可见光相机、红外热成像仪、激光雷达等巡检设备，实现输电线路本体巡检、通道巡检、红外测温、交跨测量、线路走廊立体成像等巡检功能，在大型活动供电保障工作中可高效、准确地发现输电线路各类危重缺陷及隐患。智能机器人自主巡检过程如图6-18所示，智能巡检机器人巡检现场如图6-19所示。

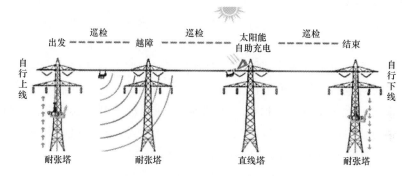

图6-18 智能机器人自主巡检过程

图6-19 智能巡检机器人巡检现场

（二）巡检流程及方法

（1）巡检前，在杆塔塔身预设上下轨道，将机器人放置在轨道下端的平台上，控制中心对机器人行为完整定义，机器人上线后根据预设程序自主执行巡检，依次对设备进行拍照、检测，发现线路异常自动告警。

（2）巡检图像、测量数据等信息通过加密4G网络实时回传至后台系统，并应用图像智能识别技术，筛选异物搭挂、机械施工等设备缺陷和环境隐患，自动发出告警并自动形成巡检报表，提醒控制中心进一步核查和确认。

（3）机器人采用锂电池组供电，可连续工作8h以上，当电量较低时，自动报警并回到太阳能基站补给充电，实现白天巡检、夜间充电，单线路巡检全程无需下塔。

二、无人机巡检技术

（一）基本功能

无人机巡检是集航空、电力、气象、遥测遥感、通信、地理信息、图像识别、信息处理的一体系统，通过搭载高清可见光摄像头和红外摄像头对绝缘子、线路金具、附属设施等部件进行无死角精确拍照与发热诊断，利用激光雷达扫描系统对电力走廊通道进行三维扫描，可以精确快速获取输电线路走廊沿线地貌形态、地表附着物（植被、建筑等）、线路杆塔等点云数据，实现树线矛盾等输电通道环境隐患分析，在大型活动供电保障工作中可有效发现输电线路各类危重缺陷及隐患。无人机巡检如图6-20所示。

图6-20　无人机巡检

（二）巡检流程及方法

1. 基于可见光及红外摄像的无人机巡检

（1）无人机巡检规划航线一般根据输电线路杆塔类型可分为适合单回耐张杆塔的"Z"字巡检法，适合单回直线杆塔的"U"字、双"U"字巡检法，以及适合紧凑型杆塔的"V"字巡检法。

（2）无人机系统对架空线路每一级杆塔进行逐塔巡视，无人机将飞停在杆塔每一层级，对该层级绝缘子、线路金具、导线与金具连接处和附属设施进行精确拍照与发热诊断。

（3）无人机巡视获取高清图像后，后端处理系统可对典型部件进行自动定位和识别，实现对常见缺陷的自动识别和分类，并进行特定部件的局部放大展示。

2. 基于三维激光点云技术的无人机巡检

（1）获取数据。通过机载三维激光雷达系统获取点云数据、地面检查点等数据，并准备航迹文件等参考文件。

（2）点云分类。将点云数据按照点类定义分别归类到各自所在的层。分类过程一般先使用点云数据处理软件进行自动分类，然后进行人工干预。

（3）点云检查。检查内容主要是非地面点云精细分类。结合分类后的点云可实现电力线路的三维数字化，恢复电力线沿线地表形态、地表附着物，线路杆塔三维位置和模型等。

（4）成果导出。分类完成后，通过分类后的激光点云数据，处理成标准的走廊的数字高程模型，经过进一步处理提取各类地物点，提供数据基础，发现输电线路树线矛盾等各类通道环境隐患。

三、变电站智能机器人巡检技术

（一）基本功能

变电站智能机器人巡检系统由变电站智能巡检机器人、变电站智能机器人监控系统、机器人室、环境信息采集系统、机器人通信基站、导航磁条等组成，能够遥控或自主开展变电站巡检作业，实现巡检质量、工作效率的提升，在大型活动供电保障工作中可有效发现变电站内各类缺陷及隐患。

1. 室内挂轨巡检机器人

室内挂轨巡检机器人主要针对配电室、开关室、分界室等室内巡检，其应用如图6-21所示。

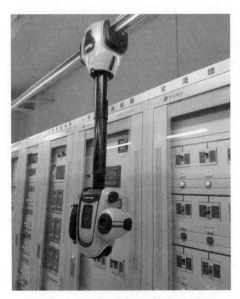

图6-21　室内挂轨巡检机器人应用

2.轮式巡检机器人

轮式巡检机器人主要针对室内外各场景设备巡检，其应用如图6-22所示。

图6-22　轮式巡检机器人应用

3.隧道巡检机器人

隧道智能巡检机器人主要针对电缆隧道中电缆设备以及周边环境和附属设备的实际情况进行巡检，保障人员及电缆隧道内部设备的安全，其应用如图6-23所示。

图6-23　隧道巡检机器人应用

（二）巡检流程及方法

（1）机器人巡检类型分为例行巡检、全面巡检、专项巡检、特殊巡检。

（2）全面巡检是对站内设备表计、状态指示、接头温度、外观及辅助设施外观、变电站运行环境等方面进行全方位巡检。

（3）例行巡检是对站内设备的表计、状态指示、外观及辅助设施外观、变电站运行环境等方面进行除红外测温外的常规性巡检。

（4）专项巡检是根据设备需要开展单项巡检任务，包括全站红外测温、油位油温表抄录、避雷器、表计抄录、SF_6压力表抄录、液压表抄录、位置状态识别等。

（5）有大型活动供电保障任务时，可以开展机器人特殊巡检。

本章介绍了4类局部放电状态检测技术、红外热像检测技术、超低频介损检测技术以及机器人、无人机等新型巡检技术，表6-2给出了各种检测技术的适用范围以及依据的技术标准，供读者参考。

表6-2　　　　　　　　　电力设备状态检测技术的适用范围及技术标准

序号	技术	适用范围	标准名称
1	特高频局部放电检测技术	检测设备包括GIS、变压器、电缆附件、开关柜等（只有电网设备内部局部放电激发的电磁波能够传播出来并被检测到，GIS中的局部放电检测效果最好）	《气体绝缘金属封闭开关设备 局部放电带电测试技术现场应用导则　第2部分：特高频法》（Q/GDW 11059.2—2018）

续表

序号	技术	适用范围	标准名称
2	高频局部放电检测技术	具备接地引下线的电力设备,主要包括高压电力电缆及其附件、变压器铁芯及夹件、避雷器、带末屏引下线的容性设备等	《电力设备高频局部放电带电检测技术现场应用导则》(Q/GDW 11400—2015)
3	超声波局部放电检测技术	可以广泛应用于各类一次设备,接触式超声波检测主要用于检测如 GIS、变压器等设备外壳表面的超声波信号,而非接触式超声波检测可用于检测开关柜、配电线路等设备	《气体绝缘金属封闭开关设备局部放电带电测试技术现场应用导则　第 1 部分:超声波法》(Q/GDW 11059.1—2018)
4	暂态低电压检测技术	广泛应用于开关柜、环网柜、电缆分支箱等配电设备的内部绝缘缺陷检测	《交流金属封闭开关设备暂态地电压局部放电带电测试技术现场应用导则》(Q/GDW 11060—2013)
5	红外热像检测技术	变压器类设备、电流互感器、电压互感器、断路器设备、隔离开关设备、电抗器设备、电容器设备、避雷器、电力电缆、变电站绝缘子设备、输电线路类设备等	《带电设备红外诊断应用规范》(DL/T 664—2016)
6	配网电缆超低频介损检测技术	10kV 电缆系统	《有屏蔽层电力电缆系统绝缘层现场型试验与评估导则》(IEEE-400.2—2013)
7	无人机巡检、机器人巡检等智能巡检新技术	重要活动电力保障工作准备阶段的输变电设备巡检	《变电站智能机器人巡检系统运维规范》(Q/GDW 11516—2016)《架空输电线路无人机巡检技术规程》(Q/GDW 11367—2014)

第七章 网络安全、信息通信及安保防恐技术

随着电网数字化快速发展，网络与信息安全已经成为电网长期稳定运行的重要前提，同时通信安全是保持电网关键信息及时有效传输的重要基础，而安保防恐是保障电网及周边设施外部环境安全的重要手段。本章将详细介绍大型活动供电保障在网络与信息安全、通信及安保防恐3个方面的技术要求与措施。

第一节 网络与信息安全技术

近年来，网络空间安全事件频发，国家级、集团式网络安全威胁层出不穷。电力系统作为国家关键基础设施，直接关系国家安全和社会安全稳定运行，一直以来是"网络战"重点攻击目标之一。电网企业的大量业务需要信息网络与信息系统进行承载，网络与信息安全也成为电网企业大型活动供电保障的重要内容之一。

一、保障范围与目标

结合国家以及供电企业对网络安全的要求，从基础设施、信息网络、信息系统等方面着手，全面排查大型活动供电保障信息网络、信息系统隐患，将整体保障工作划分为方案制定、排查评估、整改提高、演练冲刺、保障实战5个阶段。

（一）保障范围

保障范围主要包括机房基础设施及机房内的主机设备、网络设备、安全设备及保障区域的配线间、办公终端及非办公终端等。

（二）保障目标

保障目标是确保大型活动期间重要保障系统及信息安全，确保不发生造成严重影响的信息安全事件、信息失泄密事件。各类信息网络、信息系统安全保障指标体系及目标值见表7-1。

表7-1　　　　　　　　大型活动网络与信息安全保障指标体系及目标值

指标	目标值
内网桌面终端违规外联	0
内外网桌面终端注册率	100%
内外网防病毒软件安装率	100%
内外网保密检测系统安装率	100%
内外网桌面终端补丁安装率	100%
内网终端防病毒软件实时监控率	100%
内网终端防病毒软件扫描率	100%
安全接入平台贯通率	100%
ISS探针级联贯通率	100%
信息网隔离装置贯通率	100%
内外网终端弱口令数	0
外网邮箱弱口令	0
内网高危终端	0
信息系统平均非计划停运时长	0
信息系统平均非计划停运次数	0
信息网络平均非计划停运时长	0
信息网络平均非计划停运次数	0
灾备复制非计划中断修复不规范次数	0
信息安全事件	0

二、保障工作流程与技术要求

（一）工作流程

供电企业应高度重视大型活动网络信息安全保障工作，严格贯彻落实各项信息管理规定、制度、办法，将网络与信息安全技术监督工作贯穿始终。以国网北京市电力公司为例，重大网络与信息安全保障工作流程如图7-1所示。

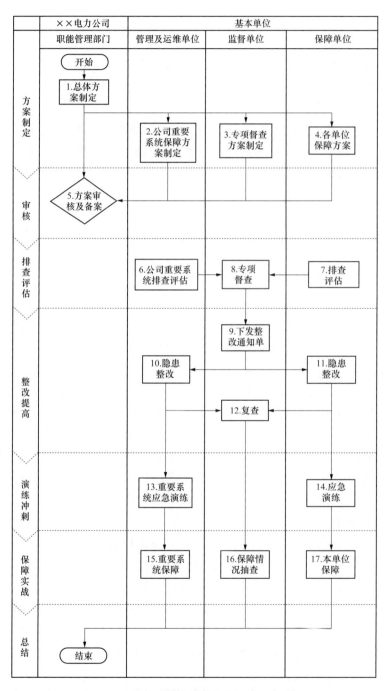

图7-1 重大网络与信息安全保障工作流程

（二）主要流程与技术要求

1.保障方案制定

（1）省电力公司层面。制定大型活动（如全国两会）信息安全保障工作总体方案，明确工作重点和要求；指导各保障责任单位编制大型活动信息安全保障工作实施方案。

（2）各基层保障单位层面。按照信息安全保障工作总体方案，制定本单位的信息安全保障实施方案。实施方案范围应包括本单位负责运行维护的网络与信息系统。阶段安排包括方案制定、排查评估、整改提高、演练冲刺、保障实战的各阶段具体工作内容和详细工作计划。

2.排查评估

制定印发隐患排查评估标准，从物理与环境、边界、网络与通信、主机、终端、应用、数据等方面明确安全防护要求。组织完成隐患排查，形成信息安全排查评估总结报告，制定问题整改计划。

（1）物理与环境安全。对不同环境采取隔离措施进行分隔，室内外环境应满足机房安全、机房监控、电磁屏蔽、专人值守等要求，以防范人为破坏与自然灾害。加强关键主机设备、网络设备、关键部位的冗余配置，加强对条件较差的工区厂队、供电所、服务站类机房、营业厅等公共区域的物理安全防护。

（2）重点边界安全防护。加强互联网边界、信息内外网边界、管理信息大区第三方边界等重点边界的防护。互联网边界应统一互联网出口，防范网络非法访问及应用攻击，防范恶意代码传播、病毒木马感染，防止网络泄密，加强边界安全监测，互联网移动终端应通过外网安全交互平台方可接入；信息内外网边界采用公司专用逻辑强隔离设备进行安全防护；管理信息大区第三方边界应采用安全接入平台，实现终端准入控制和数据传输加密。

（3）网络与通信安全防护

1）加强网络分区分域。生产控制大区划分为控制区（安全Ⅰ区）、非控制区（安全Ⅱ区）、安全接入区，按照《企业投资项目事中事监管办法》国家发展改革委令第14号（简称《监管办法》）进行安全防护。管理信息大区进一步划分为管理信息大区和互联网大区。管理信息大区主要包括二级安全域、三级安全域、生产管理域和营销生产控制域。其中二级安全域、三级安全域严格落实等级保护防护要求，生产管理域和营销生产控制域按照《监管办法》进行安全防护。

2）加强通道安全防护。根据业务及网络建设情况，电力无线专网和无线公网按照公司无线安全防护要求进行防护，利用无线网络自有技术，阻止非法终端接入，通过部署安全接入平台接入，实现接入认证和数据传输加密；接入电力调度数据网的厂站，需严格执行采用《监管办法》及省电力公司相关并网安全技术要求。

（4）主机安全防护。按照网络安全等级保护的要求，从操作系统和数据库两个层面保障主机安全，根据确定的安全保护等级部署主机统一漏洞扫描、统一补丁系统、资源控制、访问控制、安全加固、入侵检测、监控审计等安全防护措施。

（5）主要终端安全防护。管理信息大区、互联网大区桌面办公终端根据公司统一要求进行防护，部署统一配置和加固措施；作业类终端应通过安全加固终端、无线APN专网和安全接入平台实现终端入网绑定和终端安全；采集类终端加强终端认证，只允许单向传入内网。各类终端应根据终端部署区域及使用对象等差异，采用安全加固、终端加密、认证授权、身份鉴别及数据防泄漏等措施保障各类终端安全，进一步提升终端安全。

（6）应用安全防护。应用安全从应用系统功能安全和应用系统接口安全两个方面规范要求，按照等级保护要求，部署功能安全、接口安全、代码检测、身份鉴别、访问控制、资源控制等基础安全功能。在生产控制大区，应及时更新经测试验证过的特征码，查看查杀记录。禁止生产控制大区与管理信息大区共用一套防恶意代码管理服务器。非控制区的接入交换机应当支持HTTPS的纵向安全WEB服务，采用电力调度数字证书对浏览器客户端访问进行身份认证及加密传输。

（7）数据安全防护。在数据的生成、传输和存储过程中，落实数据加密、备份、恢复与安全审计等安全措施，加快数据脱敏技术研究应用，并加强数据销毁环节安全，防止数据泄露，实现数据安全防护的全过程管控。其中涉密数据按照国家和省电力公司安全保密要求进行防护，重点落实涉密数据、重要数据的数据加密、外发控制、打印监控等要求。

3. 整改提高

（1）省电力公司层面。组织开展各基层保障单位的信息安全督查工作，组织各基层保障单位开展信息安全应急预案的编制工作。

（2）各基层保障单位层面。

1）组织对信息安全督查中发现的问题完成整改。

2）结合省电力公司督查和自查情况，积极落实整改，对于不能在保障前完成整改的隐患，制定有效的控制措施，确保信息安全运行的可控、能控和在控。

3）制定缺陷、隐患整改方案和应对措施，明确工作计划和要求。

4）开展信息安全应急预案的编制，按照编制的应急处置方案制定应急演练计划和方案。其中网络应急预案由省电力公司网络安全运行管理部门牵头，其他基层保障单位配合，制定广域网、局域网在设备故障、病毒扩散等情况下的应急预案，并组织联合演练。信息系统应急预案由运维责任单位负责制定。

4. 演练冲刺

（1）省电力公司层面。

1）组织开展大型活动期间信息安全保障的各项准备工作，明确保障期间的各项工作要求和工作措施。

2）组织各基层保障单位按照保障要求制定保障期间值班安排，制定保障期间每日信息通报模板和标准化作业书。

3）组织开展大型活动信息安全保障专项演练工作。

（2）各基层保障单位层面。

1）由省电力公司网络安全运行管理单位或部门司牵头负责，各基层保障单位配合，编制保障期间的信息系统运行方式。原则上保障期不安排信息系统检修工作。

2）开展大型活动信息安全保障联合演练。

3）总结保障筹备工作开展情况，汇总分析隐患排查、整改提升和演练冲刺各环节中出现的问题，制定完善策略，编制网络与信息安全保障筹备工作总结报告。

5. 保障实战

（1）省电力公司层面。明确保障期间信息安全管理和信息系统运维的工作要求。组织开展好保障期间的信息安全保障工作。

（2）各基层保障单位层面。

1）保障期运行工作。人员安排方面，各基层保障单位要落实保障期系统监控、巡视和技术支持人员，对重点系统实行7×24h实时监控。技术标准方面，各基层保障单位要对保障期各项操作涉及的标准规范进行梳理和更新。各基层保障单位将保障期人员安排情况报省电力公司职能管理单位或部门备案。

2）保障期间值班安排。各基层保障单位要做好保障期间的值班工作，安排值班人员，做好信息报送工作，其中各基层保障单位保障期间每天固定时间向省电力公司报告当日系统运行情况。省电力公司网络安全运行管理单位或部门每天向上级单位报告当日信息系统总体运行情况。

3）系统检修维护安排。严格管控重要信息系统检修维护行为，合理安排检修计划，做好现场运维人员和检修工作的管理，维护过程中做好监护，保障系统安全运行。

4）防范社会工程学攻击。重要保障时段，做好重要场所人员管控，防范社会工程学攻击。

5）防范网络外联。严格落实"安全分区、网络专用、横向隔离、纵向认证"的总体防护原则，全面做好网络边界防护，杜绝违规外联行为，确保网络边界和入口安全防护措施可靠有效。

6.技术监督

网络与信息安全技术监督单位开展大型活动信息安全专项督查工作。具体要求如下。

（1）保障前2个月完成信息安全专项督查工作方案，并报送省电力公司职能管理部门审核。

（2）开展对各保障单位排查评估、整改提高、应急准备和保障期准备各项工作完成情况的督查。

（3）在保障期间对各基层保障单位保障措施落实情况开展督查。

三、网络安全培训

针对组织决策者、管理者、运维人员和管理员等角色，从个人电脑安全、邮件安全、移动安全、日常工作生活等维度进行强化安全意识培训。针对运维人员、安全管理员进行安全意识培训、信息安全等级保护基础、信息安全法律和政策、信息安全标准介绍、信息安全等级保护定级指南等课程培训。

四、应急响应

成立保障组织机构，制定网络安全保障专项方案和应急预案，明确目标任务，细化措施要求，开展预案培训演练。

（一）应急演练

应急演练是指用户组织相关人员，依据有关网络安全应急预案，开展应对网络安全事件的活动。网络安全应急演练有多种形式，一般通过组织应急演练参演团队，通常分为攻击方、防守方和监管方（按需），以安全事件攻击、发现与应急响应处置为场景开展应急演练工作，而演练形式一般包括小规模桌面推演、中等规模搭建测试环境参观演练、大型规模采取录播/直播参观演练形式展现。

（二）突发事件应急处置

在大型活动供电保障工作中，开展网络安全值守及监测工作，重点对整体网络安全态势进行 $7 \times 24h$ 的实时安全监控、事件分析与事件响应，每天进行总结，对不足之处及时调整；对网络流量、安全日志、病毒木马、钓鱼邮件等开展综合监控，重点监测对外网站及互联网应用，及时发现攻击并做好协同处置，做好信息报告，快速进行阻断，有效防范应对恶意攻击，确保关键业务连续稳定运行。网络与信息安全事件的应急处置主要包括以下几个阶段。

1.调查准备

（1）现场勘察。网络与信息安全事件发生后，第一时间对网络安全事件所在的物理空间和虚拟空间中的相关电子物证及电子数据进行保全。

1）取证前期准备。根据所掌握的网络安全事件背景，准备到现场进行勘查的人员和设备。

2）证据识别。根据对可能存储电子数据的各种存储介质载体的了解，检查现场所有可能相关的传统物证及电子物证。

3）电子证据收集。采集所有与案件相关的证物及外部设备。

4）电子证据提取与固定。通常需要用到一些取证专用设备（如硬盘复制机、只读锁等）和用于提取易丢失信息的取证辅助软件。

（2）证据收集与保全。

1）静态数据获取。主要包括U盘、硬盘等存储设备，各类日志（包括数据库日志、系统日志、安全设备日志等）。

2）动态易丢失数据获取。主要包括屏幕画面拍摄，网络通信数据获取，内存数据获取。

2.取证分析

（1）系统信息分析。常见的操作系统信息包括系统基本信息、用户信息、服务信息、硬件信息、网络配置、时区信息、共享信息等。取证软件通过解析系统注册表文件即可获得相关信息。

（2）应用程序痕迹分析。在服务器或工作站被黑客入侵的网络安全事件中，往往需要对黑客在服务器或工作站上运行的应用程序及命令行工具进行痕迹提取，了解入侵的时间及过程。处理方法有两种：①预读文件分析（Prefetch或Super Prefetch）；②提取注册表（User Assist）中应用程序运行痕迹。

1）USB设备使用记录分析。掌握对象计算机接入过USB设备的历史记录信息，掌握USB设备的使用情况（第一次使用时间、最后一次使用时间、系列号等）。

2）事件日志分析。分析系统中"事件日志"（Event Log），包括硬件设备的接入、驱动安装、系统用户的登录（成功或失败）、各种系统服务及应用软件的严重错误、警告等信息。

3）内存数据分析。计算机内存中数据种类很多，需要进行分析的信息包括以下内容：①明文密码、密钥等信息（如 BitLocker、TrueCrypt 等密钥）；②用户访问过的网页、打开的图片、文档文件；③即时通信信息（如聊天软件的聊天内容）；④各种虚拟身份 ID（如 QQ 号、微信号、IP 地址，电子邮件地址等）；⑤文件系统元数据信息（如 $MFT 记录）；⑥用户密码 Hash（如 Windows 用户的 LM/NTLM Hash）；⑦注册表信息；⑧系统进程（可获取和提取出 Rootkit 驱动级隐藏进程）；⑨网络通信连接信息；⑩已打开的文件列表；⑪加载的动态链接库信息；⑫驱动程序信息；⑬服务信息。

4）动态取证及常用工具。动态仿真取证可获取到静态取证分析时无法获得的个人敏感信息以及计算机使用痕迹，对计算机取证领域的动态仿真分析能力提升有重大意义。在网络安全事件中，对服务器的安全事件调查、恶意程序调查等均有重要的价值。通过动态仿真取证系统可以模拟原始操作系统的环境，可以无限次数地还原安全事件发生时的状态。恶意程序在操作系统不运行的状态下也不工作，无法进行动态的行为跟踪与分析，只有将系统模拟运行起来后，恶意程序在特定的时间、特定的事件驱动下开始工作，取证人员方可以对其行为（文件访问、注册表访问、网络通信等）进行综合分析。

3. 事件处置

（1）事中处置。通过了解的事件情况、查找和分析事件原因、修复系统漏洞、恢复系统服务，尽可能减少安全事件对正常工作带来的影响，对于涉及人为主观破坏的安全事件应积极配合相关部门开展调查。

（2）事后处置。总结事件教训，研判网络安全现状、排查安全隐患，进一步加强管理和技术能力，提升安全防护水平。

4. 应急报告

根据以上流程，编制网络安全事件调查取证报告。报告内容包括网络安全事件背景介绍、现场调研勘察情况、取证过程佐证、分析结果详情、处置过程描述以及处置结果说明等。

五、网络安全隐患排查

随着电网数字化与信息化水平的不断提高，网络安全风险不断增高，如2020年委内瑞拉国家电网干线遭受网络攻击，造成全国大面积停电等。因此，一般应在大型活动前期组织网络与信息安全专家队伍，开展专项网络安全隐患排查工作。排查重点主要从网络安全管理；网络设备；主机、存储和终端；内外网终端；重保场所网络环境安全；社会工程学攻击防范6方面开展。

（一）网络安全管理

应确保场所具备网络安全拓扑图、资产台账、应急预案并与现场实际情况一致；同时，应与信息系统外部合作单位（人员）签订保密协议、网络安全承诺书。

（二）网络设备

网络设备应及时消除高危漏洞，设备在登录时具备强口令身份鉴别，并对账号权限划分，至少应区分管理员和普通用户，关闭多余端口并配置IP、MAC和端口绑定。网络设备远程管理应使用HTTPS、SSH等安全的远程管理手段，同时对管理员登录地址进行限制。

（三）主机、存储和终端

主机、存储和终端应及时更新系统补丁，在登录时应具备强口令身份鉴别并对账号权限划分，至少应区分管理员和普通用户。应安装公司统一下发的防病毒软件，主机终端病毒感染，操作系统、数据库、中间件漏洞应及时处理；保障场所复制资料仅能使用保密U盘。

（四）内外网终端

内外网终端应按照公司要求开启基线策略，具体包括以下内容。

（1）禁用Guest账户。

（2）密码设置应满足数字+字母+特殊符号，且不小于8位的安全策略配置，并定期修改。

（3）终端配置屏保应限制锁定时间并勾选"在恢复时显示登录屏幕"。

（4）共享文件夹按时取消或设置访问权限。

在保证基线策略基础上，内外网终端应配置IP/MAC地址绑定，核查外网终端不能存储涉密或敏感信息。

（五）重保场所网络环境安全

场所不能私自搭建无线出口，如使用USB无线网卡或连接场所公共Wi-Fi、打印机开启Wi-Fi等情况。

（六）社会工程学攻击防范

应做好场所做好门禁管理等接触式社会工程学攻击防范措施，做好钓鱼邮件攻击等非接触式社会工程学攻击防范，并定期开展防社会工程学攻击防范教育培训。

第二节　通信保障技术

企业管理与电网的稳定运行离不开可靠的通信技术。因此，通信保障技术也是大型活动供电保障的重要内容之一。

一、通信保障技术概述

通信专业保障范围涵盖供电企业通信系统架构、业务方式、通信设备、生产运行4方面。其中系统架构涵盖供电企业本部、各二级单位本部、重要场站及光缆路径；业务方式包括继电保护及调度自动化；通信设备包括光缆、机房、通信监控等；生产运行包括通信网管、调度交互系统、电视电话会议系统。

二、通信保障范围及内容

通信专业隐患排查技术内容制定应以供电企业本部及各二级单位本部系统架构、重要厂站、光缆路径为保障基础，同时以业务方式、通信设备、生产运行3个方面进行技术细化。通信专业保障范围及内容如图7-2所示。

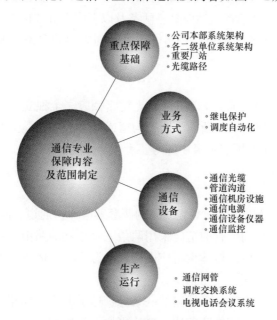

图7-2　通信专业保障范围及内容

三、通信保障技术

下面重点从系统架构、业务方式及通信设备3方面对通信保障技术进行介绍。

（一）系统架构

1.供电企业本部系统架构

供电企业调度大楼应具备完善的两条及以上完全独立的光缆敷设沟道（竖井），同一方向的多条光缆或同一传输系统不同方向的多条光缆同路由应敷设进入通信机房，调度大楼应具备3条及以上全程不同路由的光缆接入骨干通信网。

2.供电企业二级单位本部架构

供电企业二级单位调度大楼、地（市）级及以上电网生产运行单位应具备两条及以上完全独立的光缆敷设沟道（竖井），同一方向的多条光缆或同一传输系统不同方向的多条光缆同路由应敷设进入通信机房。同时，省级备用调度、地市级调度大楼应具备两条及以上全程不同路由的出局光缆接入骨干通信网。

3.重要厂站

220kV及以上电压登记变电站、省级及以上调度管辖范围内的发电厂（含重要新能源厂站）、通信枢纽站应具备两条及以上完全独立的光缆敷设沟道（竖井），同一方向的多条光缆或同一传输系统不同方向的多条光缆同路由敷设进入通信机房和主控室。

4.光缆路径

存在主备关系的220kV及以上两条光缆路径应完全独立，即不同缆、不共沟、不同塔，以避免当同一断面（同一沟道或杆塔）的光缆全部中断时，导致220kV以上站点发生脱网、业务中断等隐患。

（二）业务方式

1.继电保护

同一条220kV及以上电压登记线路的两套继电保护通道、同一系统的有主/备关系的两套安全自动装置通道应采用两条完全独立的路由。具备两套独立的通信传输设备分别提供，传输设备应由两套电源（含一体化电源）供电，满足"双路由、双设备、双电源"的要求。

因缺陷处理临时将同一条线路的一条保护通道所用光缆路由切改至另一条保护通道所用光缆，处理缺陷完毕后应恢复原运行方式，保证同一条线路的两条保护通道工作在不同光缆上。

同时应注意承载继电保护、安全自动装置业务的专用通信线缆、配线端口等应采用醒目颜色的标识；保护业务不应承载在应急复用通道上，即"一专一复"两条保护通道不可承载在同一直达光缆路由上。

依照不同类型的继电保护接口装置配置电源，具体要求如下。

（1）双重化配置的继电保护光电转换接口装置的直流电源应取自不同的电源。

（2）单电源供电的继电保护接口装置和为其提供通道的单电源供电通信设备应由同一套电源供电。

2.调度自动化

电网调度机构与直调发电厂及重要变电站调度自动化实时业务信息的传输应有两条不同路由的通信通道。

（三）通信设备

1.通信光缆

光缆引入时应使用防火阻燃光缆，并在沟道内全程穿防护子管或使用防火槽盒。引入光缆从门型架至电缆沟地埋部分应全程穿热镀锌钢管，钢管应全程密闭并与站内接地网可靠连接，钢管埋设路径上设置地埋光缆标识或标牌，钢管地面部分应与构架固定。在光缆敷设完成后应检查站内及线路光缆的外观、接续盒固定线夹、接续盒密封垫等，并对光缆备用纤芯的衰耗进行测试对比以确保光缆传输路径的稳定。供电企业常用的3种光缆及技术要求如下。

（1）全介质自承式光缆（ADSS）。ADSS一般在架设跨越高速铁路、高速公路和重要输电通道（"三跨"）的架空输电线路区段使用。ADSS在进站门型架处应悬挂醒目光缆标识牌，引入光缆封堵应严密并正确安装接续盒避免进水结冰或导致光纤受力引起断纤故障的发生。

（2）光纤复合架空地线（OPGW）。OPGW一般应用在500、220、110kV电压等级的架空输电线路上。OPGW在进站时应严格要求三点接地，即应在进站门型架顶端、最下端固定点（余缆前）和光缆末端未分别通过匹配的专用接地线可靠接地，其余部分应与构架绝缘。采用分段绝缘方式架设的输电线路OPGW，绝缘段接续塔引下的OPGW与构架之间的最小绝缘距离应满足安全运行要求，接地点应与构架可靠连接。避免由于接地不良，导致强静电场放电灼烧OPGW，影响通信线路稳定。OPGW在进站门型架处应悬挂醒目光缆标识牌，引入光缆封堵应严密并正确安装接续盒，避免进水结冰或导致光纤受力引起断纤故障的发生。

（3）直埋通信光缆。直埋敷设的通信光缆在地面应设置清晰醒目的标识，承载继电保护、安全自动装置业务的专用通信线缆、配线端口等应采用醒目颜色的标识。

2. 管道、沟道

通信光缆或电缆与一次动力电缆应同沟（架）布放，应完善防火阻燃和阻火分离等各项安全措施，并绑扎醒目的识别标识；电缆沟（竖井）内部应进行有效隔离等措施进；机房管沟孔洞应封堵；沟道光缆应进行显著标识避免管道、沟道积水或异物掉落；站内光缆引下应使用钢管，且钢管口应封堵严实。

3. 通信机房设施

地市及以上调度大楼、省级及以上电网生产运行单位、220kV 及以上电压等级变电站、省级及以上通信网独立中继站的通信机房，应配备不少于两套具备独立控制和来电自启动功能的专用空调。在空调"N-1"情况下机房温度、湿度应满足设备运行要求，空调电源应取自同一路交流母线；空调送风口处于机柜正上方。同时机房应配有温湿度计，保障机房运行符合《通信局（站）机房环境条件要求与检测方法》（YD/T 1821—2018）温度、湿度标准要求，具体温湿度要求见表7-2。

表7-2　　　　　　　　　　通信机房温湿度要求

机房类型	室内温度 /℃	相对湿度
一类通信机房	10 ～ 26	40% ～ 70%
二类通信机房	10 ～ 28	20% ～ 80%（温度 ≤ 28℃，不得凝露）
三类通信机房	10 ～ 30	20% ～ 85%（温度 ≤ 28℃，不得凝露）

机房窗户应具备遮阳功能，防止机房设备曝晒导致工作温度过高影响运行；机房应具备有效灭火系统，消防设施定期检测并记录；机房应具备可靠接地系统、可靠防水措施、防小动物措施。

4. 通信电源

地市及以上调度大楼、地（市）级及以上电网生产运行单位、220kV 及以上电压等级变电站、特高压通信中继站应配备两套独立的通信专用电源（以下简称通信电源）。每套通信电源两路电源分别取自不同母线的交流输入，且具备自动切换功能。

在双电源配置的站点，具备双电源接入功能的通信设备应由两套电源独立供电。禁止两套电源负载侧形成并联；连接两套通信电源系统的直流母联开关应采用手动切换方式。通信电源系统正常运行时，禁止闭合母联开关。

通信电源每个整流模块交流输入侧应加装独立空气开关；采用一体化电源供电的通信站点，应在每个DC/DC转换模块直流输入侧加装独立空气开关。通信电源的模块配置、整流容量及蓄电池容量应符合企业标准要求；通信电源直流母线负载熔断器及蓄电池组熔断器额定电流值不大于其最大负载电流。

5.通信设备

通信设备应采用独立的空气开关、断路器或直流熔断器供电；各级开关、断路器或熔断器保护范围应逐级配合，下级大于其对应的上级开关、熔断器或断路器的额定容量；通信设备（含电源设备）的防雷和过电压防护能力应满足电力系统通信站防雷和过压防护相关注规定的要求；数据通信网的网络设备应具备冗余。主要通信设备及其技术要求如下。

（1）光传输设备。日常维护应检查光传输设备网管巡视记录是否完备，设备端口资料与光配等配线资料是否相符，是否及时更新，是否与现场实际情况一致，同时特殊光放大器应具备现场作用指导书。通过设备网管在线测试线路光口光功率值，测试指标应满足《电力光纤通信工程验收规范》（DL/T 5344—2018）的相关要求，见表7-3。

表7-3　　　　　　　　　　千兆以太网光口光功率测试指标

波长范围 /nm	770 ～ 860
平均发送光功率（最大值）/dBm	取平均接收功率最大值与 IEEE 803.2 规定的 I 类安全限定的最小值
平均发送光功率（最小值）/dBm	−9.5
平均接受光功率（最大值）/dBm	0

通过设备网管15min误码在线测试应满足业务通道相关指标要求；同步时钟方面检查光设备应处于正常的同步方式，按照规定的同步时钟方式进行。

（2）PCM设备。通信运行设备及相关辅助设备应无影响设备正常运行及监视的告警，设备告警及指示信号功能正常；设备的电源线、接地线、光缆、光跳线、同轴电缆、音频电缆连接可靠，缆线布放整齐、排列有序，光跳纤弯曲半径满足要求（如常见的G652光纤，其弯曲最小半径为30mm）；设备及缆线标识应规范、准确、清晰和牢固。传送继电保护、安控装置等重要业务的设备、接口板卡、缆线和接线端子应采用与其他设备有明显区分的标识；设备应可靠固定，接地应符合要求，并配备防静电手镯。通信运行设备防尘滤网、风扇及风栅应无积尘，能保持设备散热良好；通信设备日常运行维护方面检查运维记录应完备。

（3）调度交换网及交换机。在省级及以上交换中心，调度交换网及交换机应采用双机冗余系统。交换机具有分区功能时，终端站调度交换和行政交换可用一台交换机；电厂系统调度和生产调度可用一台交换机。分区中间要有必要的安全措施。

应采用技术先进、可靠性高、满足调度功能要求的"长市合一"型数据程控交换机。交换网内的交换机及信令方式应满足组网要求。交换机与现有通信网内各种传输设备应能有效连接和可靠工作。应采用模块化结构，其公用部分应采用冗余配置、热备份方式工作。

应配备功能齐全、操作简便的智能调度台。调度台的技术要求除应符合现行行业标准《电力系统数字调度交换机》（DL/T 795—2016）的规定外，还应同时具备交流220V和直流−48V两种方式供电功能。具有双机（或多机）同组功能、调度台对象间应具有自动中继线路由选择功能。

调度交换机、调度台应采用主备配置，交换机多功能板、调度台接口板应采用主备配置；调度台应采用专用UPS电源供电；交换机应具有录音功能接口、同步功能。录音系统应具有同时对多路电话进行录音、监听和查询功能。调度交换录音系统应采用专用的UPS电源供电。交换机内部时钟应具备四级及以上时钟精度。

（4）行政交换网及设备。IMS主汇接节点、第二汇接节点的CE设备间应通过两条独立的专用传输链路互联，完成主、备节点间的心跳和数据同步，实现主汇接节点、第二汇接节点网络容灾保护。

（5）电视电话会议系统及设备。音频信号具备"一主两备"三重保障。电视会议资源池平台、专线平台音频信号互为主、备用，电视电话会议系统要求"一主两备"。

6. 通信监控

通信监控主要从通信机房环境监控、通信电源系统监控及数据移动存储监控3个方面开展。

（1）通信机房环境监控。通信站内主要设备及机房动力环境的告警信息应上传至24h有人值班的场所。

（2）通信电源系统监控。通信电源系统及一体化电源−48V通信部分的状态及告警信息应纳入实时监控，满足通信运行要求；通信设备网管及综合网管系统安全分区管理界限应明确，并按要求进行系统部署。

（3）数据移动存储监控。落实移动存储介质、移动网管终端的安全管理措施和技术手段，根据要求严格控制权限授予、数据操作、外设接入、远程维护。

第三节　安保防恐技术

在大型活动供电保障工作中，安保防恐作为防范恐怖外力破坏输电线路、变电站室、电力设备的重要措施，也十分重要。本节以国网北京市电力公司为例，重点介绍安保管控App技术以及安保防恐人员、装备、工作标准等内容。

一、安保管控App技术

安保管控App系统是依托物联网、互联网+云服务等技术开发的安保监控管理系统。该系统改变传统"以人管人"的安全管理方式，而是应用现代信息技术实现"技术管人"，使安保管理更实时、更精准、更智慧。安保管控App系统主要包括以下技术优势。

1.具有保安人员审核功能，实现保安人员审核、建档与动态管理

定期组织保安人员的专项培训及考试，现场对保安人员素质情况进行遴选，对通过公司选拔的保安人员采集身份证信息、人脸标准照片、背景信息等，并在系统内生成电子信息卡及二维码，作为保安人员接收检查的唯一凭证。同时结合现场稽查和系统检查，对保安人员安保违章行为进行实时考核，按照违章严重程度分别扣减5、1分和0.5分，对其评价成绩进行动态调整，直至取消工作资格。

2.应用"互联网+云服务"技术，实现安保服务质量实时监控

改变传统"以人管人"的安全管理方式，在云端（阿里云）部署互联网应用服务，节省建设和运维成本。针对现场保安人员、特勤稽查人员、管理人员定制化开发企业级手机应用App，将全部工作标准化指导书及安保管理规章制度植入手机App，通过后台与现场数据的互联互通，有效规范现场安保行为，逐步取代人员现场稽查，提高安保服务监控效率。采用互联网+云服务、物联网等信息技术，免去机房及服务器建设。

3.移动作业App，实现安保服务工作电子记录远程上传功能

基于NFC技术的巡视点集成开发，确保执勤人员按照规划巡视路径的方式巡视，避免巡视漏点现象。NFC巡视方案结合移动App应用，对安保人员日常巡视作业情况进行实时记录，监控中心可对执勤工作质量进行实时监督，有效提升执勤工作质量。

4.具有稽查作业功能，实现智能化监督检查

整合现有安保工作管理办法等文件要求，同时参照现场常见典型违章，将关键点固化为监督检查流程，植入移动稽查App。安全稽查人员通过App对现场点对点快速导航，抵达现场后，执行标准化安全稽查流程，将安保人员素质、信息审核、消防安全、技防设施、宿舍环境等检查数据上传至监控后台。

5.整合工作质量等多维数据，实现安保服务大数据应用与分析

建立保安人员信息、安保任务计划信息、人员行为信息等海量数据库，整合纳入安保管理监控平台统一管理分析。基于大数据信息关联模型，应用服务质量信用评价算法，实现安保服务质量、安保企业及保安人员信用评价等管理环节的纵向贯通，极大地促进了对保安人员缺勤、服务质量不合格的识别与监控。

二、安保人员配备标准

大型活动供电保障工作中，在电力供应的关键地点须配备一定数量、一定素质的运维及安保人员进行巡视与值守工作，人员配备标准建议如下。

针对大型活动供电保障的直供及相关输配电线路、电缆及变配电站室，安排安保人员进行24h（两班）特巡、值守。其中输电架空直供线路每杆"2+1"定点看护（2名运维人员+1名安保防恐人员），相关线路每杆"1+1"定点看护；输电电缆直供线路每1km1组，每组"1+2"不间断巡视，相关线路每5km1组，每组"1+2"不间断巡视，终端站（塔）"2+2"定点看护；直供、相关220kV及以上变电站安排"2+6"有人值守，110kV变电站安排"2+4"有人值守；直供配电站室安排每站"1+2"有人值守，直供配电电缆安排每3km1组，每组"2+2"不间断巡视。

针对大型活动供电保障的集结地点、重要城市设施上级的直供及相关输配电线路、电缆及变配电站室，安排人员进行24h（两班）特巡、值守。其中，输电架空直供线路每杆"1+1"定点看护，相关线路每6km1组，每组"2+2"不间断巡视；输电电缆直供线路每km1组，每组"1+2"不间断巡视，相关线路每5km1组，每组"1+2"不间断巡视，终端站（塔）"2+2"定点看护；直供、相关220kV变电站安排"2+6"有人值守，110kV变电站安排"2+4"有人值守；直供配电站室安排每站"1+2"有人值守，直供配电电缆安排每3km1组，每组"2+2"不间断巡视。

三、安保防恐器具装备配备标准

大型活动供电保障工作中，须为安保人员配备一定的安保防恐器具或装备，以在突发情况下使用，相关配备标准如下。

1. 变电站

（1）团队装备。每站配备阻车拒马1件，防暴盾、钢叉各2件。

（2）个人装备。每人配备防割手套、防刺背心、T字棍、钢盔、强光手电各1件。

2. 特级保障线路、重要设施直供及相关架空输电线路

（1）团队装备。每组配备臂盾、钢叉、T字棍、强光手电各1件，灭火器2具。

（2）个人装备。每组按照在岗人数，每人配备防刺背心、防割手套、钢盔、肩灯各1件。

3. 特级保障线路、重要设施直供及相关电缆区段

（1）团队装备。每组配备T字棍、强光手电各1件，灭火器2具。

（2）个人装备。每人配备防刺背心、防割手套、钢盔、肩灯各1件。

4. 特级保障线路、重要设施直供及相关电缆终端站、终端塔

（1）团队装备。每组配备臂盾、T字棍、强光手电、灭火器各1件。

（2）个人装备。每人配备防刺背心、防割手套、钢盔、肩灯各1件。

5. 安保防恐特勤队

（1）团队装备。配备防暴盾、防暴射网枪、防暴喷雾棍、多功能捕捉器、钢叉、执法记录仪、臂盾各1件。

（2）个人装备。配备防刺背心、防刺手套、T字棍、钢盔、强光手电每人1件。

（3）通信装备。每组配备信息通信装备1部。

6. 主要办公楼

（1）团队装备。每处配备阻车拒马、防爆毯、防爆罐各1件，防暴射网枪、阻车道钉、执法记录仪各2件，防暴喷雾棍、钢叉各4件，防暴盾、多功能捕捉器、臂盾、电击器各6件，防暴催泪罐10件。

（2）个人装备。每处配备防割手套、防刺背心、T字棍、强光手电各6件，钢盔10件。

（3）通信装备。每处配备信息通信装备1部。

四、岗位工作标准

大型活动供电保障工作中，相关安保防恐工作岗位的标准如下。

（一）安保人员

1. 变电站和调控办公场所

（1）严格落实门禁制度，做到看好门，管好人。按照相关工作要求，落实保安员值班工作标准，严格车辆、人员门禁管理，禁止无证件、无手续车辆和人员进入。各场所大门必须处于封闭状态，若需进入变电站，一律经该站管理单位责任部门同意或批准，并履行入门登记手续。

（2）开展站院看护巡视，做到时刻警惕。全天候不间断巡视，巡视检查是否存在蓄意破坏电力设施的行为，发现后进行制止。

（3）开展人员到岗到位管理。保安人员原则上不得进行调整，若需调整，应征得场所管辖单位主管部门同意，相关单位主管部门应及时将更新后的人员花名册备案。保安人员原则上不得外出，确需外出时，应严格履行请假审批手续。

2. 输电线路、电缆终端站及隧道

（1）开展架空输电线路、电缆终端站及通道看护巡视，做到时刻警惕。对架空输电线路、电缆终端站及隧道，保障时段内开展24h不间断看护特巡。架空输电线路看护巡视范围为每基铁塔及两基铁塔之间的线路，电缆终端站及隧道通风亭看护巡视范围为每站（亭）及两站（亭）之间的线路，巡视检查是否存在蓄意破坏电力设施的行为，发现后进行制止。

（2）保障期间，每日上岗人员需使用安保App开展架空输电线路、电缆终端站及通道看护巡视。每日8:00前，所有上岗人员需完成上岗签到工作。非特级保障时段，每日8:00至20:00每2h需使用App按要求完成拍照工作；特级保障时段，每日8:00至20:00每2h完成1次值守巡视拍照任务，20:00至次日8:00每4h完成1次值守巡视拍照任务。

（3）开展人员到岗到位管理。保安人员原则上不得进行调整，若需调整，应征得场所管辖单位主管部门同意，相关单位主管部门应及时将更新后的人员花名册备案。

（二）电力设施运维人员和调控办公场所后勤人员

1. 变电站和调控办公场所

（1）监督检查保安人员门禁制度、看护巡视标准等各项安保防恐措施落实情况，监督防恐装备配备及使用情况，并及时协调解决检查中发现的问题。

（2）巡视检查变电站、调控办公场所周边有无社会人员无故聚集、蓄意破坏电力设施和办公场所设施的行为，发现后按照现场处置方案进行处置。

2.输电线路、电缆终端站及通风亭

（1）输电运维人员、输电电缆及隧道运维人员，监督检查所辖输电线路和电缆隧道通风亭安保人员到岗到位、看护巡视等安保措施的落实情况，监督防恐装备配备及使用情况，并及时协调解决检查中发现的问题。

（2）巡视检查所辖电力设施周边有无社会人员无故聚集、蓄意破坏电力设施的行为，发现后按照现场处置方案进行处置。

（三）特勤稽查人员

1.巡视工作标准

开展变电站和开闭站外围、输电通道、电缆线路、电缆隧道终端站及通风亭等部位安保防恐特巡和稽查工作，做到时刻警惕。对变电站和开闭站外围、输电通道、电缆线路、电缆终端站及通风亭进行全天候不间断巡视。变电站和开闭站巡视内容主要是外围周边有无可疑人员，架空输电线路看护巡视范围为每基铁塔及两基铁塔之间的线路，电缆线路，电缆终端站及通风亭看护巡视范围为每站（亭）及两站（亭）之间的线路。巡视检查是否存在蓄意破坏电力设施的行为，发现后进行制止。

2.稽查工作标准

主要检查各场站、输电通道、电缆线路及电缆通风亭保安员的到岗到位情况，履行职责情况，岗姿岗容、着装情况，工作职责、任务和异常事件处置方法的熟悉情况，做到发现问题及时纠正并认真做好记录。

3.安保异常事件处置突发事件备勤准备

处置突发事件备勤人员要随时做好处置突发事件的准备。同时，正在开展工作的特勤人员也应做好处置突发事件的准备，一旦发生突发事件，安保防恐特勤队伍要在指挥部指挥下，快速到达、果断处置、减少损失、及时报告。

五、信息报送

大型活动供电保障工作中，安保防恐工作的信息报送十分重要，主要包括正常信息报送和异常信息报送要求。

（一）正常信息报送

1.电力设施运维人员、调控办公场所后勤人员及保安人员

正常情况下执行零报告制度，相关单位主管部门应明确本单位所辖场所零报告要求的报送流程和时间节点，确保零报告要求落实到位。

2.特勤稽查人员

在稽查和巡视过程中采用4G单兵全程对检查过程进行记录，将现场检查情况同步回传至指挥部，同时填写稽查记录。

（二）异常信息报送

发生安保异常事件时，要对可疑人员进行警告和劝阻，处置过程中要加强防范，注意自身安全。无法阻止时，电话上报当地派出所，或拨打"110"电话报警（报警要点：报警人姓名、单位名称、所在位置、事件情况和联系电话）。将现场情况向保障团队当值队长（副队长）汇报，由当值队长组织邻近人员共同开展先期处置工作。由保障团队当值队长首先上报总指挥部，然后上报指挥部〔汇报格式：××指挥部，我是××输电线路（变电站）保障人员××，之后报告突发事件发生时间、所处线路（变电站）名称及杆号、事件描述和现场处置情况〕。发生人员伤害时，紧急施救的同时拨打"120"或"999"急救电话求救（求救要点：姓名、单位名称、所在位置、人员受伤情况和联系电话）。处置过程中，及时续报阶段信息，定时（每小时）续报整体信息，注意收集、留存实证材料及照片影像资料。

参考文献

[1] Q/GDW-11888—2018，国家电网有限公司重大活动电力安全保障技术规范[S].北京：国家电网有限公司，2018.

[2] Q/GDW-12158—2021，国家电网有限公司重大活动电力安全保障工作规范[S].北京：国家电网有限公司，2021.

[3] 汤涌，印永华.电力系统多尺度仿真与试验技术[M].北京：中国电力出版社，2013.

[4] 王厚余.低压电器装置的设计安装和检验.第3版[M].北京：中国电力出版社，2012.

[5] 张宝会，尹项根.电力系统继电保护.第2版[M].北京：中国电力出版社，2010.

[6] 李光琦.电力系统暂态分析.第2版[M].北京：中国电力出版社，2007.

[7] 徐永海，及洪泉，等.一种敏感设备电压暂降耐受特性测试与数据处理方法[P].北京：CN108919003B，2020.

[8] 陶顺，唐松浩，等.变频调速器电压暂降耐受特性试验及量化方法研究Ⅰ:机理分析与试验方法[J].北京：电工技术学报，2019.

[9] 王斌.以CO_2为冷剂的人工冰场制冷系统应用研究[D].哈尔滨工业大学，2018.

[10] 倪泉军.人工冰场制冷监控系统设计[D].大连理工大学，2013.

[11] 肖成东.供电电源包含谐波情况下异步电机损耗特性研究[D].华北电力大学，2015.

[12] 杨玺，叶伟玲，等.谐波影响下的三相感应电机效率研究[J].上海：微特电机，2020.

[13] Luo G, Zhang D. Study on performance of developed and industrial HFCT sensors[C]//Universities Power Engineering Conference（AUPEC），2010 20th Australasian. IEEE, 2010.

[14] 舒乃秋，胡芳.超声传感技术在电气设备故障诊断中的应用[J].传感器技术，2003.